AF391160

R
18145

LY ET LESPIEAU

NOUVEAU

PRÉCIS DE CHIMIE

1ᵉʳ FASCICULE

HACHETTE & Cⁱᵉ

8R

18145

Le temps ayant manqué pour terminer le présent volume pour la rentrée des classes, nous en donnons seulement le PREMIER FASCICULE.

Le DEUXIÈME FASCICULE sera terminé et mis en vente incessamment.

NOUVEAU PRÉCIS

DE CHIMIE

NOUVEAU PRÉCIS DE CHIMIE

BIBLIOTHÈQUE NATIONALE IMPRIMÉS

A LA MÊME LIBRAIRIE

A. JOLY et R. LESPIEAU. **Nouveau Cours de chimie**, rédigé conformément aux programmes officiels de l'Enseignement secondaire du 31 mai 1902 :

Nouveau Précis de chimie, à l'usage des classes de Quatrième A et de Troisième B. Un vol. in-16, avec figures, cartonnage toile.

Nouveaux Éléments de chimie, à l'usage des candidats au baccalauréat 1re partie. Un vol. in-16, avec figures, cartonnage toile.

Nouveau Cours élémentaire de chimie, à l'usage des candidats au baccalauréat 2e partie, Philosophie-Mathématiques. Un fort vol. in-16, avec de nombreuses figures, broché.

Nouvelles manipulations de chimie. Un volume in-16 broché.

JOLY (A.) : **Cours de chimie**, rédigé conformément aux programmes officiels de 1890 :

Cours élémentaire de chimie, notation atomique, à l'usage des candidats aux Baccalauréats classique et moderne et aux Écoles du gouvernement. 3 vol. in-16, brochés.

    Chimie générale. — *Métalloïdes*, 4e édit. revue par M. Lespieau, chargé de conférences à l'École normale supérieure. Un vol. in-16 broché 5 fr.

    Métaux et chimie organique. 4e édit. revue par M. Lespieau. Un vol. 5 fr.

    Manipulations chimiques. 2e édition. Un volume in-16 broché. 2 fr. 50

    Le cartonnage toile de chaque vol. se paie en sus. 50 c.

Éléments de chimie, notation atomique, conformes aux programmes de la classe de Philosophie du Baccalauréat classique et de la classe de Troisième moderne, 7e édit. Un vol. in-16 avec fig., cart. toile. 3 fr.

Précis de chimie, notation atomique, à l'usage de l'enseignement secondaire des jeunes filles, des écoles normales primaires, des écoles d'agriculture et de l'enseignement primaire supérieur. 5e édition, revue et corrigée. Un vol. in-16, cartonné toile. 3 fr.

    On vend séparément, broché :

Première partie : *Métalloïdes.* Un volume broché. 3 fr. 50

Deuxième partie : *Métaux et chimie organique.* Un vol. br. 1 fr. 50

48697. — Imprimerie LAHURE, rue de Fleurus, 9, à Paris.

A. JOLY
Ancien professeur
à la Faculté des sciences de Paris
et à l'École Normale supérieure

Ph. LEBEAU
Professeur au Collège Chaptal
Chargé de Conférences
à l'École Normale supérieure

NOUVEAU PRÉCIS
DE CHIMIE

(NOTATION ATOMIQUE)

RÉDIGÉ CONFORMÉMENT AUX PROGRAMMES OFFICIELS DU 31 MAI 1902

Classes de Quatrième et de Troisième
(Division B)

1er FASCICULE

PARIS
LIBRAIRIE HACHETTE ET Cie
79, BOULEVARD SAINT-GERMAIN, 79

1902

Droits de traduction et de reproduction réservés

AVERTISSEMENT

BIBLIOTHÈQUE NATIONALE
R. F.
IMPRIMÉS

Par la nature des matières qu'il renfermait, ainsi que par la façon dont elles étaient traitées, le *Précis de Chimie* de A. Joly répondait incomplètement aux exigences des nouveaux programmes.

Dans la présente réimpression, nous avons apporté les modifications nécessaires pour rendre ce petit volume entièrement d'accord avec le programme du 1er Cycle (Classes de 4e et de 3e B).

Nous avons été heureux de supprimer l'exposé des théories et des lois conduisant à la notion de poids moléculaire; cette question, qui devrait être réservée au seul enseignement supérieur, a du moins été rayée du premier cycle d'études secondaires. Les commençants ne trouveront plus, au début de la Chimie, un chapitre pour eux inutile autant qu'incompréhensible et de nature à les détourner de cette branche de la science.

Certaines préparations, dites de laboratoire, étant de nos jours complètement inusitées par suite des progrès de l'industrie chimique, il était naturel de les faire disparaître des traités classiques.

On ne trouvera point ici ces définitions si répandues dans les ouvrages élémentaires, grâce auxquelles on apprend, rapidement, il est vrai, ce que c'est qu'une combinaison, un acide, une base, etc., mais qui présentent le grave inconvienent qu'il faut les laisser à la porte en franchissant le seuil d'un laboratoire de chimie.

Nous nous sommes efforcés par contre d'indiquer les principales raisons invoquées d'habitude par les chimistes lorsque, décrivant un produit nouveau, ils le caractérisent comme espèce chimique, comme acide, etc.

Si ce *Nouveau Précis* n'était destiné qu'aux élèves devant un jour aborder le deuxième cycle, nous l'aurions probablement rendu plus élémentaire encore ; mais, comme le disait Joly, « nous nous adressons à tous ceux qui, n'ayant fait que « des études scientifiques très élémentaires, suivent les « cours des Écoles normales primaires, des Écoles primaires « supérieures, des Écoles d'Agriculture, etc. ». Nous voudrions également nous adresser à tous ceux qui désirent acquérir un fond de connaissances chimiques leur permettant d'aborder, sans trop d'effort, l'étude des questions spéciales qui présenteraient quelque intérêt pour eux.

R. LESPIEAU.

1. L'ouvrage complet comportera *deux tables*. Dans la première on indiquera les pages où sont décrits les divers corps, dans la deuxième on indiquera les endroits où se trouvent présentés pour la première fois ou expliqués plus complètement les mots ayant un caractère quelque peu technique.

EXTRAIT DES PROGRAMMES OFFICIELS

ARRÊTÉS LE 31 MAI 1902 POUR L'ENSEIGNEMENT SECONDAIRE

CLASSE DE QUATRIÈME B

CHIMIE

Divers états de la matière ; exemples familiers ; un même corps peut prendre ces divers états.

Air. — Expérience de Lavoisier.

Oxygène. — Azote.

Eau pure ; analyse, synthèse. — Eaux potables.

Hydrogène.

Acide chlorhydrique ; chlorures. — Chlore, chlorures décolorants.

Électrolyse du chlorure de sodium ; sodium, soude caustique.

Sel ammoniac. — Ammoniaque.

Corps simples : métalloïdes, métaux. Corps composés.

Loi des proportions définies, lois des volumes.

Symboles, notation atomique, formules.

Nomenclature ; acides, bases, sels.

Soufre, acide sulfurique, hydrogène sulfuré

Salpêtre, acide azotique.

Phosphate de chaux, phosphore.

Carbone. — Combustibles naturels et artificiels.

Anhydride carbonique. — Oxyde de carbone.

Silice. — Acide borique.

Conseils généraux. — Ce programme étant détaillé, le professeur devra se limiter strictement à l'étude des corps qui y sont indiqués, en se bornant pour chaque corps à l'exposé des propriétés essentielles. Il suffira, pour la préparation des produits usuels, de donner une idée des procédés industriels modernes, sans insister sur le détail des appareils.

Les élèves devront se servir du tableau des poids atomiques, sans se préoccuper des conventions sur lesquelles repose l'établissement de ce tableau. Le professeur, en insistant sur ce que les symboles représentent des poids et des volumes, familiarisera les élèves avec l'emploi de ces symboles et des formules.

CHIMIE

Métaux et alliages. — Propriétés pratiques.
Chlorure de sodium. — Carbonate de sodium.
Calcaires, chaux, mortiers, ciment, plâtre.
Minerais oxydés et minerais sulfurés ; méthodes générales de traitement.
Fer, fontes, aciers.
Cuivre et alliages ; sulfate de cuivre.
Plomb et alliages ; minium, céruse.
Zinc et alliages ; oxyde de zinc.
Aluminium, alumine, argiles, kaolin, porcelaine, faïences.
Verres et cristal.
Argent et or. — Alliages monétaires.

Chimie organique.

La moitié du cours seulement devra être consacrée à la Chimie organique.

Carbures d'hydrogène.
Méthane, pétroles. — Éthylène, acétylène, benzine.
Gaz de l'éclairage.
Alcool méthylique. — Alcool éthylique, fermentation alcoolique.
Acide acétique, vinaigre, fermentation acétique.
Éthers-sels. — Corps gras, acides gras.
Glycérine, bougies et savons.
Saccharose, glucose.
Amidon, cellulose.
Phénol, aniline.

Conseils généraux. — (Comme pour la classe de Quatrième à la page précédente.)

PRÉCIS
DE CHIMIE

INTRODUCTION

Divers états de la matière. — Parmi les corps qui nous entourent et avec lesquels nous sommes journellement en contact, il en est qui tombent immédiatement sous nos sens, que nous pouvons toucher et voir, ce sont les corps *solides* et les *liquides*. Les solides sont commodes à manier; posés sur un support, ils restent à l'endroit où on les a mis en conservant leur forme et leur volume. Tel est le cas d'une pièce de monnaie, d'un morceau de craie, d'un diamant.

Les liquides nous offrent une difficulté : on ne peut les étudier que renfermés dans un vase, sinon ils nous échappent en s'écoulant de tous côtés. Ils prennent la forme du récipient qui les renferme s'ils le remplissent; dans le cas contraire, ils se terminent par une surface plane horizontale, au-dessus de laquelle il n'y a plus de liquide. Leur volume est indépendant du récipient où ils se trouvent.

Il existe un troisième état de la matière plus difficile à caractériser que les deux autres, c'est l'état gazeux. La vue ne nous donne pas la sensation des gaz incolores; le toucher ne fournit d'indication que si le gaz exerce sur notre main une pression assez différente de la pression atmosphérique. C'est ainsi que la couche gazeuse enveloppant la terre est loin de nous être perceptible comme l'eau ou les roches qui constituent cette dernière.

Cependant un gaz, même incolore, peut être rendu visible : il suffit pour cela de lui faire traverser un liquide transparent : versons dans un verre le contenu d'un siphon d'eau de Seltz, nous allons apercevoir de nombreuses bulles qui montent à la surface; ces bulles sont formées par un gaz, l'acide carbonique anhydre; celui-ci arrivé à la surface du liquide cessera d'être visible.

Laissons ouvert le robinet d'un bec de gaz; il se produira une fuite dont nous serons avertis par l'odorat, non par la vue; mais si nous avons fait pénétrer le bec dans un tube de caoutchouc assez étroit pour le serrer un peu et qu'ensuite nous plongions ce tube dans l'eau, nous verrons le gaz traverser l'eau sous forme de bulles.

Un gaz n'a ni forme ni volume qui lui soient propres : à la différence d'un liquide, il occupe totalement le vase qui le renferme et cherche à occuper un volume toujours plus grand. Si l'on met le récipient où il se trouve en communication avec un autre, le gaz se répand dans les deux et les remplit tous les deux.

L'expérience journalière nous apprend qu'un même corps peut prendre les trois états de la matière. C'est ainsi que l'eau se solidifie pendant les froids de l'hiver, tandis que chauffée elle se transforme en vapeur. L'argent chauffé devient liquide, puis se volatilise; l'air refroidi vers 200° en dessous de zéro se transforme en un liquide qui a pu être solidifié.

CHAPITRE I

AIR ATMOSPHÉRIQUE. — OXYGÈNE. — AZOTE.

AIR ATMOSPHÉRIQUE.

1. Propriétés physiques. — Nous avons, en débutant, insisté sur ce fait que l'atmosphère gazeuse enveloppant la terre nous est difficilement perceptible. Pendant longtemps, on méconnut ses propriétés ; c'est ainsi que Galilée fut le premier qui montra d'une façon nette que l'air est pesant.

En comparant le poids d'un grand ballon en verre dans lequel on a fait le vide à l'aide de la machine pneumatique, au poids du même ballon rempli d'air, on a pu établir qu'un litre d'air sec, à la température de 0º et à la pression de 1033 grammes par centimètre carré (c'est-à-dire ce qu'on appelle la pression de 1 atmosphère[1]), pèse 1^{gr},293.

On sait aujourd'hui obtenir sans trop de difficultés l'air sous forme liquide, mais il faut pour cela atteindre des températures extrêmement basses. Le liquide obtenu commence à bouillir à 192º en dessous de zéro.

2. Expérience de Lavoisier. — On savait depuis longtemps que l'étain, le cuivre, le fer chauffés à l'air se ternissent, mais on attribuait ce phénomène à des causes inadmissibles ; les chimistes qui, comme Jean Rey, avaient remarqué l'augmentation de poids des métaux ainsi traités étaient fort peu nombreux.

Lavoisier étudia l'action de l'air sur les métaux, mais tandis qu'avant lui on s'attachait surtout au côté qualitatif des phénomènes chimiques, il se préoccupa du côté quantitatif, il fit des mesures ; et si quelque chose pouvait rivaliser d'importance avec les découvertes mêmes du grand maître, ce serait sa méthode, cette méthode qui consiste à appliquer la balance à tous

---

[1]. Cette pression est celle qu'exerce une colonne de mercure de 76^{cm} de haut, aussi l'appelle-t-on souvent par abréviation une pression de 76^{cm}.

les phénomènes chimiques et qui est la sienne parce qu'il en
est le vrai promoteur.... La méthode qu'il a inaugurée est la
seule bonne en chimie. Non seulement elle n'a pas été remplacée, mais on ne comprendrait pas qu'elle pût l'être ». (Würtz.
Préface du *Dictionnaire de Chimie*.)

Lavoisier prit un poids de mercure déterminé et le chauffa en
présence d'une quantité d'air limitée.

La figure 1 représente l'appareil dont il se servit. Le mercure
destiné à être chauffé occupait la partie inférieure d'un ballon A;

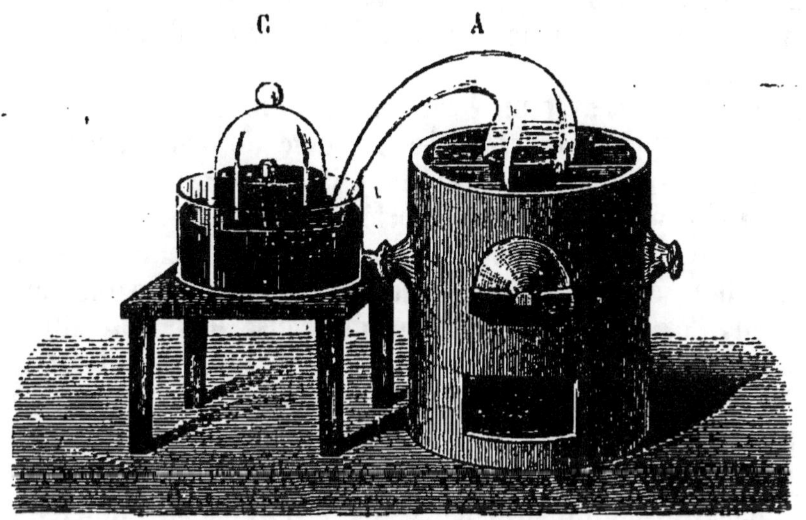

Fig. 1. — Expérience de Lavoisier.

l'air participant à l'expérience occupait le reste du ballon et la
partie de la cloche C située au-dessus du mercure d'une cuvette;
cet air était donc réparti dans deux récipients, mais la communication entre ceux-ci était toujours établie pour les gaz parce
que le col du ballon doublement recourbé s'élevait presqu'au
sommet de la cloche.

Lavoisier chauffa le ballon pendant plusieurs jours.

Dès le second jour, des parcelles rougeâtres[1] apparurent à
la surface du métal; et leur nombre augmenta pendant quatre
ou cinq jours, en même temps que le mercure montait dans la
cloche.

1. La signification des formules par lesquelles les chimistes représentent les
réactions sera expliquée ultérieurement (51, 64). Néanmoins nous les indiquerons dès maintenant afin que le lecteur puisse les retrouver à leur place lors
d'une seconde lecture.

Mercure + oxygène donnent de l'oxyde de mercure.

$$Hg + O = HgO.$$

Lorsque la *calcination* du métal lui parut terminée, au bout de douze jours, Lavoisier laissa refroidir l'appareil. Le volume d'air qu'il contenait avait diminué de $\frac{1}{5}$ environ. Le gaz qui restait dans la cloche et dans le ballon n'était plus de l'air, car une bougie enflammée introduite dans ce gaz s'y éteignait.

Nous le désignerons sous le nom d'*azote atmosphérique*.

Les parcelles rouges furent recueillies; introduites dans une petite cornue de verre et chauffées, elles subirent une transformation : Lavoisier vit apparaître de fines gouttelettes de mercure sur les parties froides de l'appareil, tandis qu'il se dégageait un gaz occupant un volume égal à celui qui avait disparu pendant la calcination. Mais ce n'était pas non plus de l'air; une bougie allumée y brûlait avec un éclat beaucoup plus vif que dans l'air. Lavoisier l'appela *oxygène*. Le mélange de cet oxygène avec l'azote atmosphérique, obtenu dans la même expérience, reproduisait l'air avec toutes ses propriétés.

La cause de l'augmentation de poids de mercure, lors de sa calcination, était connue : le métal s'est emparé d'une portion de l'air, l'oxygène. C'est à la même cause qu'il faut attribuer l'augmentation de poids du fer, du cuivre, etc., chauffés à l'air.

Mais il se dégage, en outre de l'expérience de Lavoisier, une conséquence très importante :

C'est que de l'air on peut retirer deux substances gazeuses à la température ordinaire, douées de propriétés bien différentes : l'oxygène et l'azote atmosphérique.

Lavoisier avait essayé de mesurer les quantités respectives de ces deux gaz contenues dans un volume d'air connu, mais la méthode qu'il a employée ne permettait pas de résoudre cette question.

3. Analyse quantitative de l'air. — 1° *En volume par le phosphore à froid.* — Lorsqu'on abandonne un bâton de phosphore dans un volume limité d'air, il absorbe peu à peu tout l'oxygène; dans l'obscurité, des lueurs bleuâtres enveloppent le bâton de phosphore, et lorsque ces lueurs ont cessé, le gaz résidu a perdu la propriété d'entretenir la combustion : c'est de l'azote atmosphérique.

Introduisons dans une cloche graduée, sur le mercure, un volume connu d'air atmosphérique; faisons passer un bâton de phosphore *humide* qui atteindra la partie supérieure de la cloche (fig. 2). Au bout de quelques heures, l'absorption de l'oxygène sera complète, et si nous mesurons le volume du résidu, nous aurons le volume d'azote atmosphérique contenu dans le volume d'air en expérience.

2° *En poids par le cuivre à chaud.* — Le cuivre chauffé dans l'air s'empare de tout l'oxygène[1], en se transformant en un produit noir que nous appellerons l'*oxyde de cuivre*. L'azote atmosphérique reste gazeux. Si donc on prend une quantité limitée d'air et qu'on la fasse passer sur du cuivre chauffé au rouge, en pesant le gaz que le cuivre n'absorbe pas, on aura le poids de l'azote atmosphérique. D'autre part, en pesant le cuivre avant l'expérience et le produit noir après, on aura par différence le poids de l'oxygène.

En réalité, l'air contenant outre les deux gaz en question des quantités variables de vapeur d'eau, ainsi

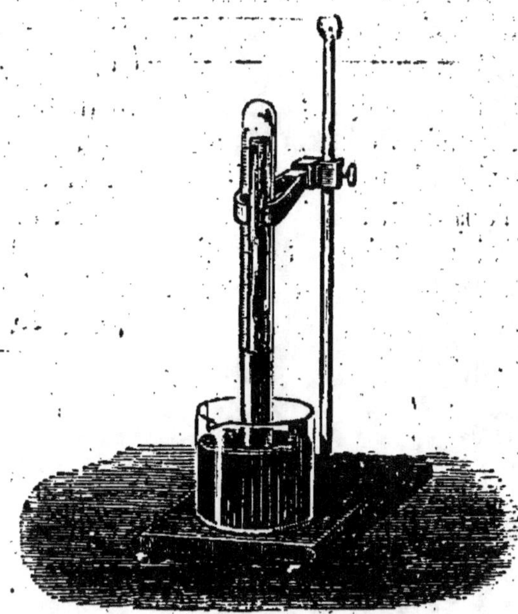

Fig. 2. — Analyse de l'air par le phosphore à froid.

qu'un peu d'acide carbonique, on commence par enlever ces deux derniers corps avant de faire agir l'air sur le cuivre. Voici comment opéraient Dumas et Boussingault :

Un ballon à robinet B est relié, par un tube court et étroit, à un tube de verre peu fusible T, muni de deux garnitures métalliques à robinet r' et r'' (fig. 3). Ce tube renferme de la tournure de cuivre et communique avec une série de tubes L l contenant des substances propres à dessécher l'air et à absorber l'acide carbonique. On a fait le vide dans le ballon B et on l'a pesé : soit P son poids. On a fait le vide dans le tube à cuivre et, après avoir fermé les robinets r' et r'', on l'a pesé : soit p son poids.

L'appareil étant monté comme l'indique la figure 3, on porte le cuivre au rouge, et on ouvre successivement et lentement les robinets r'', r et R. Un appel d'air est ainsi produit. Ce gaz passe à travers les tubes purificateurs puis dans le tube à cuivre, où il abandonne son oxygène et pénètre dans le ballon. Lorsque les bulles de gaz ne traversent plus les tubes à liquide L, l'expérience est

---

1. Cuivre + oxygène donnent oxyde de cuivre.

$$Cu + O = CuO.$$

terminée. On ferme les robinets r', r et R, on laisse refroidir le tube à cuivre, et on pèse le ballon et le tube. Soient P' et p' leurs nouveaux poids.

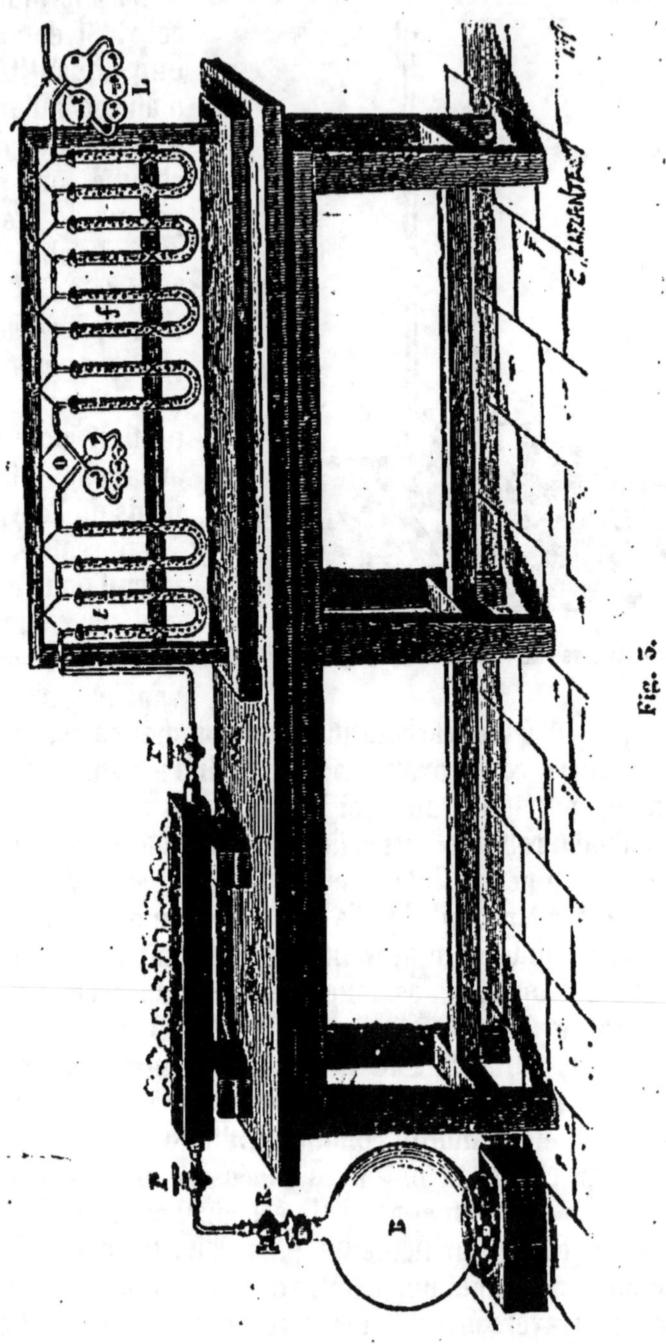

Fig. 5.

Le poids de l'azote contenu dans le ballon est $P' — P$. L'augmentation du poids du tube à cuivre est due à ce que le cuivre est oxydé et à ce que le tube est plein d'azote. On enlève cet azote en faisant le vide, et si p'' est le poids du tube après cette opération,

$p' - p''$ sera le poids d'azote qu'il contenait,
$p'' - p$ sera le poids d'oxygène absorbé,

on aura donc ainsi pour poids

de l'azote atmosphérique . . . . $P' - P + p' - p''$
de l'oxygène . . . . $p'' - p$,

le poids de l'air analysé étant $P' - P + p' - p'' + p'' - p$.

Dumas a trouvé par cette méthode :

oxygène 25
azote atmosphérique 77
Pour air 100

4. **Argon.** — Jusqu'en 1894, on crut que l'azote atmosphérique était un corps unique dont on ne pourrait tirer aucune espèce de matière différente de lui-même. Lord Rayleigh et M. Ramsay ont montré que de cet azote atmosphérique on pouvait faire deux portions : l'une, de beaucoup la plus abondante, est complètement absorbée par le magnésium chauffé au rouge[1], on l'appelle azote; l'autre, qui semble jusqu'ici ne pouvoir être absorbée par rien, contient les corps suivants : argon, hélium, néon et crypton, les trois derniers en quantité excessivement minimes.

5. **Constance de la composition de l'air.** — Les analyses de l'air faites à des époques variables, à des altitudes variables, en des points du globe très distants les uns des autres, ont donné des résultats sensiblement concordants et que voici[2] :

100 grammes d'air renferment :	100 litres d'air
23gr,2 d'oxygène	21l,02
75gr,5 d'azote	78l,04
1gr,3 d'argon	0l,94

6. **Air dissous dans l'eau.** — Lorsqu'on chauffe de l'eau qui a été exposée au contact de l'air, on voit tout d'abord s'élever de petites bulles gazeuses, qui peuvent être recueillies dans une éprouvette, sur le mercure. Pour recueillir les gaz dissous dans l'eau et les étudier, on remplit complètement d'eau un ballon de

1. Avec formation d'un produit solide, l'azoture de magnésium.
2. On verra au paragraphe 48 que l'air est un mélange.

2 à 3 litres, et on le ferme à l'aide d'un bouchon muni d'un tube de dégagement (fig. 4). Si le ballon a été complètement rempli d'eau, le tube se remplit de liquide lorsqu'on enfonce le bouchon. Le tube de dégagement plonge dans une cuve à mercure, sous une éprouvette remplie de ce métal et, lorsqu'on chauffe de façon à porter peu à peu le liquide à l'ébullition, le gaz vient se réunir à la partie supérieure de l'éprouvette, en même temps

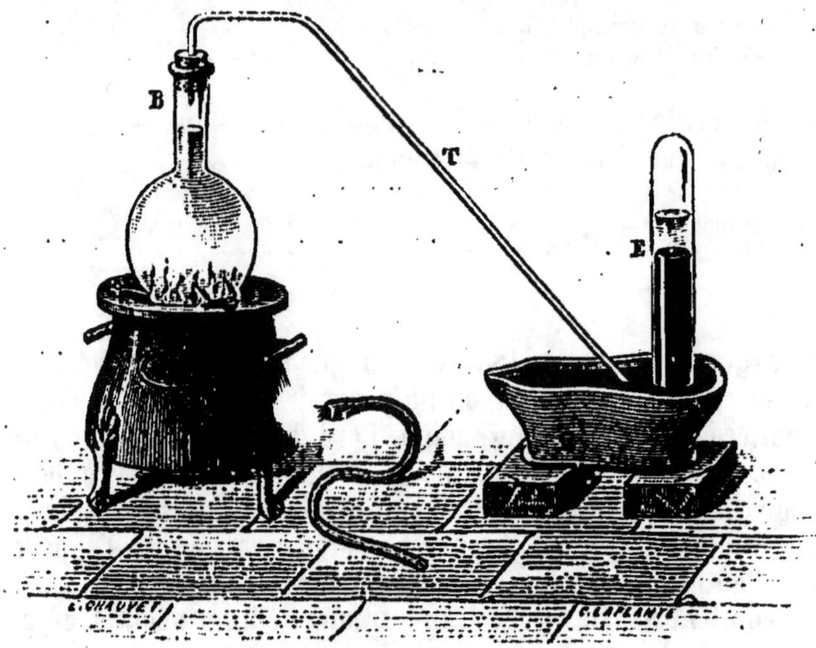

Fig. 4. — Les gaz dissous dans l'eau du ballon B se dégagent dans l'éprouvette E quand on chauffe le ballon.

qu'une certaine quantité d'eau s'y condense. On analyse ce gaz comme on l'a fait pour l'air atmosphérique et on trouve qu'il renferme, indépendamment d'une certaine quantité d'acide carbonique, de l'oxygène et de l'azote: le rapport des volumes de ces deux gaz n'est plus le même que dans l'atmosphère. Ce gaz est formé de :

Oxygène	33,7 volumes.
Azote atmosphérique.	66,3
	100,0

ou à peu près : oxygène $\frac{1}{3}$, azote $\frac{2}{3}$.

7. Présence du gaz carbonique et de la vapeur d'eau dans l'atmosphère. — Indépendamment de l'oxygène, de l'azote et de l'argon qui en sont les principes constituants essentiels et qui en forment la presque totalité, l'atmosphère contient encore

d'autres gaz, qui n'y existent d'ailleurs qu'en quantité minime.
Exposons à l'air, dans un vase large et peu profond, de l'*eau de
chaux* (dissolution de chaux dans l'eau), nous verrons, en quelques instants, se former à sa surface un voile d'une matière
solide, blanche, qui fait effervescence avec les acides et laisse
dégager un gaz identique à celui qui se produit dans la combustion du charbon dans l'oxygène, le *gaz carbonique*, vulgairement appelé *acide carbonique*. Ce gaz existait dans l'atmosphère,
et, en présence de la chaux dissoute dans l'eau, il a formé un
composé solide, le *carbonate de chaux*, matière insoluble dans
l'eau et présentant la même composition que la craie, le marbre,
la pierre à bâtir. La proportion d'acide carbonique est toujours
faible; 10 litres d'air n'en contiennent guère que 3 centimètres
cubes environ.

L'atmosphère renferme toujours de la vapeur d'eau. L'eau
qui se condense sur les corps froids, par exemple en hiver sur
les vitres des appartements chauffés, nous en est une preuve
indirecte. La tension de la vapeur d'eau dans l'atmosphère est très
variable : les *hygromètres* servent à la déterminer.

Nous trouverons encore dans l'atmosphère de l'*ammoniaque* et
des particules solides en suspension, des poussières. Ce sont ces
poussières qui s'illuminent lors-
que, par une ouverture pratiquée
au volet d'une chambre noire,
on laisse pénétrer la lumière
solaire.

On peut recueillir ces poussières et les étudier, en employant,
par exemple, le dispositif suivant : Une petite plaque de
verre *b* (fig. 5) est recouverte
sur sa face inférieure d'un liquide visqueux, tel que de la
glycérine. Elle est placée à l'intérieur d'un tube large auquel
on adapte un entonnoir A terminé par une très petite ouverture placée un peu au-dessous
de la plaque. Si, par l'extrémité C

Fig. 5.—Étude des poussières de l'air.

du tube, on détermine un appel d'air, celui-ci, en pénétrant par
l'orifice de l'entonnoir, rencontre la couche de glycérine, laquelle
fixe les poussières entraînées. En transportant cette plaque de
verre sur le porte-objet d'un microscope, on reconnaît que ces

poussières sont formées de débris de matières minérales et de matières organisées, de spores, de végétaux microscopiques qui, lorsqu'ils rencontrent un milieu convenable à leur développement, produisent des fermentations et des putréfactions (Pasteur).

OXYGÈNE.

8. Préparation. — L'expérience de Lavoisier nous a appris l'existence de l'oxygène dans l'air et nous a même fourni un moyen de l'en retirer; mais nous utilisons aujourd'hui des procédés plus avantageux :

1º La décomposition de l'eau par le passage d'un courant électrique (17) fournit de l'oxygène[1].

2º Le procédé Boussingault consiste essentiellement à chauffer de la baryte caustique, vers 600º, dans un courant d'air; la baryte absorbe alors l'oxygène de l'air et se change ainsi en bioxyde[2]. Chauffé à 800º, le bioxyde abandonne l'oxygène fixé précédemment et la baryte ainsi régénérée est de nouveau capable de fixer de l'oxygène.

Pour que cette réaction soit pratique, il est indispensable que l'air soit dépouillé soigneusement d'*acide carbonique* et de *vapeur d'eau*; le carbonate et l'hydrate de baryum sont, en effet, indécomposables par la chaleur, et l'hydrate, à une température élevée, se fritte, s'agglomère, s'opposant à une nouvelle absorption d'oxygène. On évite d'ailleurs de porter le bioxyde de baryum à une température trop élevée, en facilitant, par un vide partiel, le dégagement de l'oxygène (procédé Brin frères).

Les deux procédés qui viennent d'être indiqués sont employés par l'industrie. L'oxygène est vendu renfermé dans des cylindres d'acier où on l'a comprimé à 120 atmosphères. Le volume de gaz est ainsi considérablement réduit, ce qui le rend beaucoup plus portatif. La capacité de ces récipients est d'environ 15 litres.

3º *Calcination du chlorate de potassium.* — Dans les laboratoires on achète souvent l'oxygène, mais il arrive aussi qu'on le prépare. On utilise pour cela une substance solide blanche fournie par l'industrie, le chlorate de potassium. On le chauffe dans une cornue disposée comme l'indique la figure 6.

1. On trouve dans le commerce l'oxygène ainsi préparé sous le nom d'oxygène électrolytique.

2. Baryte + oxygène donnent bioxyde de baryum.

$$Ba O + O = Ba O^2.$$

Le chlorate fond tout d'abord en un liquide incolore, limpide comme de l'eau ; puis, la température s'élevant, une sorte d'ébullition se produit, des bulles d'oxygène se dégagent, on les recueille dans des éprouvettes, sur la cuve à eau. Il reste dans l'appareil un corps solide blanc appelé chlorure de potassium [1].

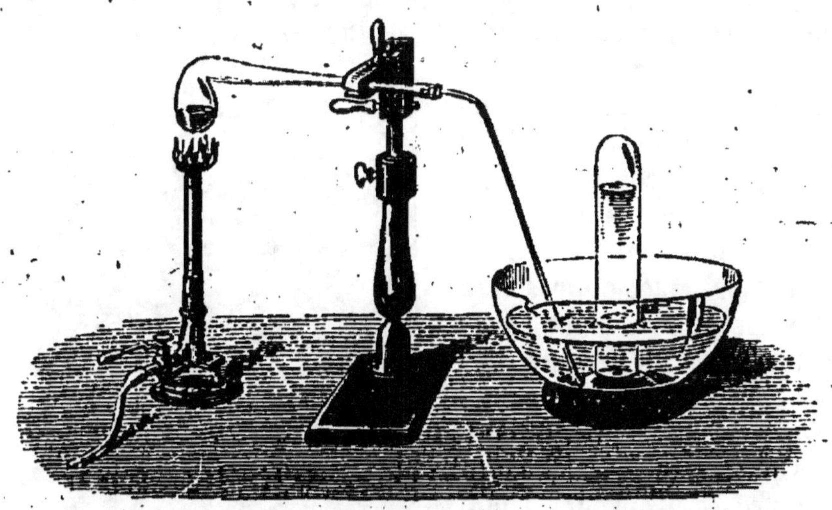

Fig. 6. — Préparation de l'oxygène par le chlorate de potassium.

On facilite la décomposition du chlorate de potassium en le mélangeant avec un peu d'*oxyde de cuivre* obtenu en grillant du cuivre à l'air. L'oxygène se sépare avant que le chlorate de potassium soit fondu, et le dégagement se fait régulièrement ; quant à l'oxyde de cuivre on le retrouve inaltéré.

9. **Propriétés.** — L'oxygène est un peu plus lourd que l'air ; le rapport entre les poids de volumes égaux de deux gaz, dans les mêmes conditions de température et de pression, est ce qu'on appelle la *densité* du premier gaz par rapport au second. La densité de l'oxygène par rapport à l'air est 1,105. Le poids de 1 litre d'air à 0° et sous la pression normale de 76 centimètres de mercure étant de 1^{gr},293, le poids de 1 litre d'oxygène sera de

$$1^{gr},293 \times 1,105 = 1^{gr},430.$$

L'oxygène peut être amené à l'état liquide, mais il faut pour cela atteindre des températures excessivement basses. Ce liquide bout, en effet, à 181° en dessous de zéro sous la pression d'une atmosphère.

1. Chlorate de potassium donne oxygène et chlorure de potassium.

$$ClO^5K = 3O + KCl.$$

Un litre d'eau à 0° ne dissout que 41^{cms} d'oxygène à la pression d'une atmosphère.

Une allumette ne présentant plus que quelques points en ignition se rallume, avons-nous dit, et brûle avec éclat lorsqu'on l'introduit dans une éprouvette remplie d'oxygène. C'est là, en effet, une propriété caractéristique de ce gaz, que les corps y brûlent avec beaucoup plus d'éclat que dans l'air. Ce fait est facile à constater.

1° Dans une coupelle en terre supportée par un fil de fer fixé à un large bouchon de liège (fig. 7), on place un morceau de soufre, qu'on enflamme. On introduit la coupelle dans un flacon d'oxygène, et le soufre brûle avec une flamme bleue beaucoup plus éclatante que celle qui accompagne la combustion du soufre dans l'air atmosphérique. L'oxygène et le soufre se trouvent bientôt remplacés par un gaz d'une odeur désagréable, qui provoque la toux : c'est l'*anhydride sulfureux*. Nous disons que le *soufre s'est uni à l'oxygène* et a formé l'*anhydride sulfureux*. Quelques gouttes d'une teinture végétale bleue,

Fig. 7. — Combustion du soufre dans l'oxygène.

la *teinture de tournesol*, étendues d'eau et versées dans le flacon, dissolvent le gaz et rougissent immédiatement.

2° Remplaçons le soufre par un fragment de phosphore ; si on l'enflamme, ce corps brûle avec un très vif éclat et l'atmosphère du flacon se remplit d'une sorte de fumée blanche qui se dépose sur les parois. Il s'est formé de l'*anhydride phosphorique*. Ces fumées sont solubles dans l'eau, à laquelle elles communiquent la propriété de rougir la teinture bleue de tournesol.

3° Un morceau de charbon de bois léger, tel que du fusain, fixé à un fil de fer par une de ses extrémités et allumé d'autre part, brûle avec éclat dans une atmosphère d'oxygène ; un gaz s'est formé qui, dissous dans l'eau, rougit encore la teinture bleue du tournesol, en lui communiquant toutefois une coloration *rouge vineux* distincte de la coloration *rouge jaune* ou *rouge pelure d'oignon* que lui communiquait l'acide phosphorique. Le charbon s'est uni à l'oxygène et a formé *l'anhydride carbonique*.

4° Un fil de magnésium que l'on enflamme en le plongeant par une extrémité dans une lampe à alcool, et que l'on introduit rapidement dans une atmosphère d'oxygène, brûle avec une lumière éblouissante. Le métal fixe l'oxygène, et donne une matière blanche, *l'oxyde de magnésium* ou *magnésie* : cette magnésie est légèrement soluble dans l'eau à la longue. Cette solution bleuit le tournesol.

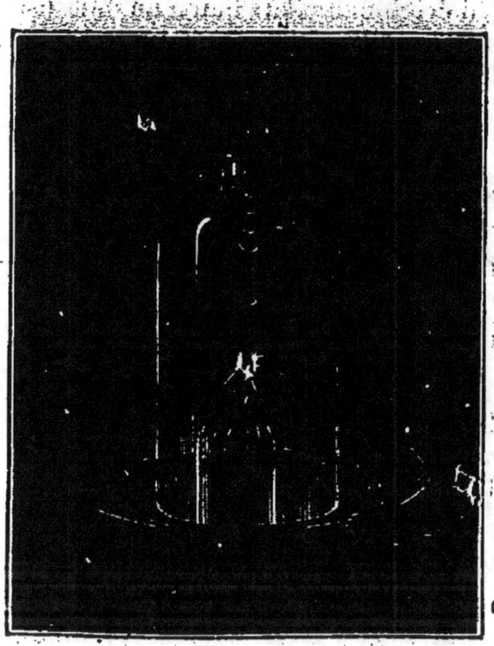

Fig. 8. — Combustion d'un fil d'acier dans l'oxygène.

5° Une spirale d'acier (fig. 8), fixée à un large bouchon, porte à son extrémité libre un morceau d'amadou ; on enflamme celui-ci et on plonge rapidement la spirale dans le flacon plein d'oxygène. L'incandescence se communique à la spirale métallique, qui brûle avec un vif éclat en lançant de tous côtés des étincelles. Le fer se transforme en une matière brune qui, portée à une température élevée, fond et se détache de temps en temps en un globule qui, si l'on n'avait soin de laisser un peu d'eau au fond du vase, s'y incrusterait et en déterminerait la rupture.

Ici encore le fer s'est uni à l'oxygène et a formé un *oxyde de fer*, insoluble dans l'eau.

Dans chacun de ces cas l'oxygène disparaît, le corps combustible aussi ; ils sont remplacés par un corps nouveau formé aux dépens des deux ; on dit qu'il s'est formé des *combinaisons* de l'oxygène avec le soufre, le phosphore, le carbone, le magnésium ou le fer.

AZOTE.

10. **Préparation.** — En étudiant l'analyse de l'air nous avons vu comment on pourrait obtenir l'azote atmosphérique en privant l'air de son oxygène soit à l'aide du phosphore, soit à l'aide du

cuivre chauffé au rouge; si nous voulons en recueillir des quantités un peu notables nous pourrons opérer comme il suit :

Remplissons de cuivre en tournure un tube de verre peu fusible placé sur une grille à charbon ou à gaz (fig. 9). Adaptons à une des extrémités un tube de dégagement et faisons arriver par l'autre extrémité de l'air provenant d'un grand flacon dans lequel, par un tube à entonnoir plongeant jusqu'au fond, nous ferons couler de l'eau. Lorsque le tube aura été porté au rouge,

Fig. 9. — Préparation de l'azote atmosphérique par le cuivre chauffé et l'air.

le gaz que nous recueillerons sur la cuve à eau aura perdu la propriété d'entretenir la combustion.

Cet azote atmosphérique renferme de l'argon dont on ne peut pratiquement le séparer.

L'azote proprement dit peut se préparer avec de l'ammoniaque par exemple[1]. C'est de lui dont il est question dans le paragraphe suivant.

11. Propriétés. — Le gaz que nous venons de préparer se distingue immédiatement de l'oxygène, comme nous l'avons constaté tout à l'heure, en ce qu'un corps enflammé s'éteint immédiatement quand on le plonge dans une atmosphère de ce gaz; un animal placé dans un bocal rempli d'azote ne tarderait pas à succomber[2].

1. On fait passer du gaz ammoniac sur de l'oxyde de cuivre chauffé au rouge

$$2AzH^3 + 3CuO = 3Cu + 5H^2O + 2Az.$$

2. Il n'entretient donc pas la vie; de là le nom d'*azote* qui lui a été donné (du grec *a* privatif et *zoè*, vie).

Ajoutons, pour achever de le caractériser, que l'azote est un peu plus léger que l'air; sa densité est 0,967, c'est-à-dire que le poids d'un litre d'azote est les 967 millièmes de celui d'un litre d'air, soit $1^{gr},293 \times 967 = 1^{gr},250$.

Le point d'ébullition de l'azote est 194° en dessous de zéro.

L'azote est absorbé par le lithium à froid, par le magnésium chauffé au rouge. Nous avons utilisé cette propriété pour retirer l'argon de l'air atmosphérique (4).

COMBUSTION.

12. Combustions vives. — Si nous chauffons un morceau de charbon dans une atmosphère d'azote, nous pourrons le porter à l'incandescence et son poids n'éprouvera aucune variation. Mais si nous le chauffons dans l'oxygène, nous le verrons *brûler* avec éclat. Il semblera disparaître en grande partie, car son poids diminuera et, la combustion terminée, il ne restera qu'un peu de cendres. En réalité il s'est formé un produit invisible, l'oxygène et le charbon ont été remplacés par un gaz doué de propriétés nouvelles et que nous avons désigné déjà sous le nom de *gaz carbonique*.

Nous pouvons chauffer du soufre, du phosphore dans le gaz azote: ces corps fondent, se volatilisent, mais leur poids ne subit aucune altération, et le gaz azote subsiste avec toutes ses propriétés caractéristiques. Dans l'oxygène, au contraire, le soufre et le phosphore *brûlent*, l'oxygène disparaît; dans le cas du phosphore, un corps nouveau apparaît, solide, blanc, soluble dans l'eau, l'anhydride *phosphorique*[1], dont le poids est supérieur au poids du phosphore mis en expérience. Le soufre disparaît aussi complètement, mais une nouvelle matière gazeuse a pris la place de l'oxygène, douée de propriétés tellement caractéristiques, qu'on ne peut la confondre avec lui : c'est le *gaz sulfureux*, appelé aussi anhydride sulfureux.

Lorsqu'on chauffe du charbon, du soufre, du phosphore au

---

1. Phosphore + oxygène = anhydride phosphorique.

$$2P + 5O = P^2O^5.$$

Soufre + oxygène = anhydride sulfureux.

$$S + 2O = SO^2.$$

Charbon + oxygène = anhydride carbonique.

$$C + 2O = CO^2.$$

contact de l'air, on observe des faits du même genre; les mêmes produits prennent naissance, mais le phénomène lumineux est moins éclatant; c'est là toute la différence.

Une *combustion* est donc une réaction d'un corps avec l'oxygène, une *oxydation*; lorsque du charbon brûle dans l'air, il se combine avec l'oxygène de l'air pour donner de l'acide carbonique, et cette combinaison est accompagnée d'un dégagement de chaleur et de lumière très sensibles : c'est là une *combustion vive*.

13. Combustions lentes. — Il est donc établi que lorsqu'un corps brûle dans l'air, il réagit sur l'oxygène. Réciproquement lorsqu'un corps s'oxyde nous pourrons dire qu'il brûle et qu'on assiste à un phénomène de combustion. Mais alors ces mots pourront se trouver pris dans un sens un peu différent de celui qu'on leur attribue d'habitude : si l'oxydation se produit lentement, c'est-à-dire si la quantité d'oxygène absorbée par minute est minime, le dégagement de chaleur pendant le même temps sera également très petit. Le milieu extérieur aura le temps de refroidir le corps qui ne pourra s'échauffer sensiblement.

Ainsi un morceau de fer que l'on abandonne à l'air humide se ternit peu à peu, se recouvre d'une matière pulvérulente brune que l'on appelle la *rouille*. Cette rouille est une combinaison oxygénée du fer différente de celle que nous avons obtenue en brûlant du fer dans l'oxygène; ce phénomène d'oxydation se produit sans dégagement de lumière, il est fort lent, et, bien qu'il soit accompagné d'un dégagement de chaleur, on peut tenir à la main un morceau de fer qui se rouille sans être brûlé, la chaleur dégagée ayant le temps de se dissiper au fur et à mesure de sa production dans l'air environnant. Nous dirons que le fer a subi une combustion lente.

Le phosphore qui brûle si vivement dans l'oxygène avec une flamme éblouissante s'oxyde beaucoup plus paisiblement dans l'air s'il est à une température inférieure à 60°. On le voit alors comme au-dessus de 60° se transformer en une poudre blanche; mais il n'y a plus de flamme, le phénomène est plus lent; ajoutons de plus que les deux poudres blanches tout en étant formées par la combinaison du phosphore et de l'oxygène ne sont pas identiques. La combustion lente du phosphore fournit de l'anhydride phosphoreux[1], moins riche en oxygène que l'anhydride phosphorique.

Beaucoup de ces combustions lentes s'effectuent autour de

---

1. Phosphore + oxygène donnent anhydride phosphoreux.

$$P + 3O = P^2O^3.$$

nous. Il en est une surtout qui doit attirer notre attention, c'est la respiration.

C'est encore à Lavoisier que nous devons d'avoir précisé le rôle que joue l'oxygène dans la respiration. Lorsque l'air pénètre dans les poumons, l'oxygène traverse par *endosmose* les parois des vésicules pulmonaires, se fixe sur les globules du sang qui l'entraînent dans le réseau des capillaires, et là, aux dépens des matières organiques qui toutes renferment du carbone et de l'hydrogène, s'effectue une véritable combustion. De l'acide carbonique prend naissance et ce gaz est ramené par les globules aux poumons où, à travers les parois des vésicules, un échange se produit entre l'oxygène de l'air inspiré et l'acide carbonique du sang veineux. L'acide carbonique s'échappe des poumons avec de l'azote et de l'oxygène non utilisé. La fixation de l'oxygène sur les matières organiques est une *combustion lente* accompagnée d'un dégagement de chaleur; telle est l'origine principale de la chaleur animale. (Voir aussi 130.)

CHAPITRE II

EAU. — HYDROGÈNE.

EAU.

14. Eau pure. — Les eaux que nous offre la nature présentent des différences considérables ; il suffit pour s'en rendre compte de comparer entre elles l'eau de mer, une eau minérale et une eau de source. Les eaux de source elles-mêmes peuvent

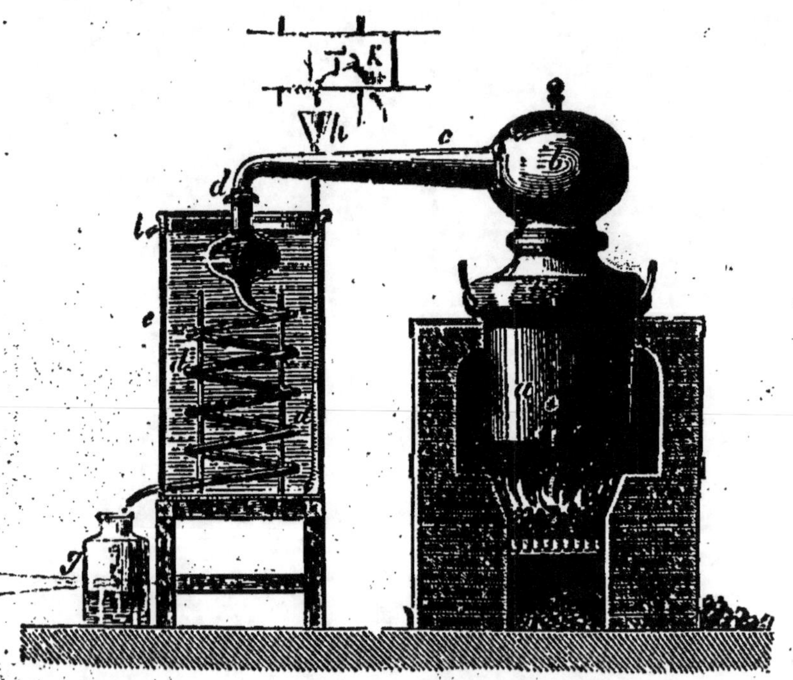

Fig. 10. — Appareil à distiller en métal.

paraître identiques à un observateur superficiel alors que des différences très marquées s'accusent à la suite [d'un examen plus approfondi.

Mais de toutes ces eaux on peut, par un traitement convenable, extraire un corps toujours le même et que nous appellerons l'eau pure.

On peut habituellement obtenir cette eau par *distillation*, c'est-à-dire en vaporisant l'eau par la chaleur et condensant les vapeurs dans un vase refroidi.

Pour distiller de grandes quantités d'eau, on se sert d'un *alambic en cuivre* (fig. 10). L'eau est soumise à l'ébullition dans la *chaudière a*; les vapeurs se condensent dans le *col c* adapté au *chapiteau b* et dans un *serpentin dd* plongé dans l'eau d'un *réfrigérant e*. Cette eau, qui s'échauffe incessamment par la condensation de la vapeur, doit être constamment renouvelée. L'eau chaude, plus légère, se déverse à la partie supérieure par l'ajutage *i*, l'eau froide arrive au réfrigérant par le tube *h*. L'eau distillée est recueillie dans un flacon *g* à la sortie du serpentin.

Pour se procurer de petites quantités d'eau distillée, on peut se servir d'un appareil en verre (fig. 11) formé d'une cornue dont le

Fig. 11. — Appareil à distiller en verre.

col s'engage dans une allonge adaptée elle-même à l'une des tubulures d'un ballon plongé dans une terrine dont on renouvelle l'eau incessamment. L'intérieur de la cornue communique avec l'atmosphère par un tube fixé à la seconde tubulure du ballon. On fait bouillir l'eau doucement, de façon à éviter la projection du liquide sur les parois du col et de l'allonge.

En examinant la chaudière après une opération, on verra qu'à l'intérieur le cuivre est recouvert d'un dépôt blanc. Le poids et la nature de ce dépôt varient avec la nature des eaux introduites dans l'alambic. C'est ainsi qu'avec de l'eau de mer il serait constitué principalement par du sel de cuisine.

L'étude de l'eau pure sera plus simple que celle d'une eau naturelle et facilitera beaucoup l'étude de cette dernière. C'est de l'eau pure qu'il va être question ici.

15. Propriétés physiques. — L'eau nous est connue sous les trois états : liquide, solide et gazeux.

L'eau liquide est incolore sous une faible épaisseur, mais elle a une couleur verdâtre lorsqu'on l'observe en grande masse; elle n'a ni odeur, ni saveur.

Lorsque la température s'élève de 0° à 4° centigrades, l'eau se contracte; elle se dilate lorsqu'elle s'échauffe au-dessus de 4°. Le poids d'un centimètre cube d'eau ira donc en croissant de 0° à 4°, pour décroître ensuite : le poids d'un centimètre cube d'eau à la température de 4° a été choisi comme unité de poids : c'est le *gramme*.

Refroidie, l'eau se solidifie et forme la *glace*. Lorsque cette solidification se fait lentement, la glace affecte des formes géométriques. Ainsi, lorsque le froid est vif au dehors, l'eau se dépose sur les vitres des appartements, se congèle et les recouvre d'élé-

Fig. 12. — Cristaux de givre.

gantes arborisations (fig. 12). La neige examinée à la loupe nous offrira également une structure régulière (fig. 13).

La solidification de l'eau est accompagnée d'un accroissement de volume : 930 centimètres cubes d'eau à 4° donnent 1 décimètre cube de glace. Sous le même volume, la glace est donc plus légère que l'eau; son poids spécifique, c'est-à-dire le poids d'un centimètre cube de glace, est 0,930. Elle flotte, en effet, à la surface de l'eau.

L'augmentation de volume que subit l'eau en se solidifiant est telle, que les vases qui la renferment se brisent. Un vase exactement rempli d'eau, un tube en fer forgé fermé par un bouchon à vis, par exemple, est enveloppé d'un mélange réfrigérant. Lorsque l'eau se solidifie, elle exerce en augmentant de volume une

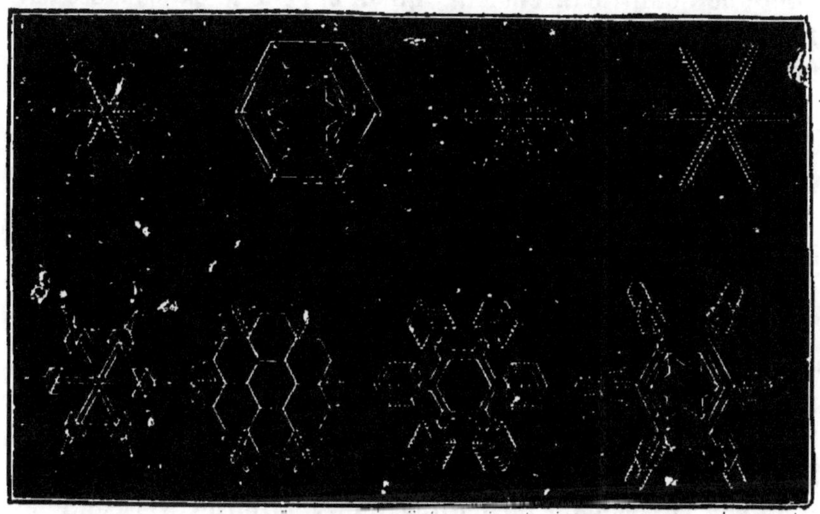

Fig. 13. — Cristaux de neige.

telle pression sur les parois du vase que celui-ci est rompu et la glace sort par les crevasses et forme bourrelet. Un tuyau en plomb qu'on laisse rempli d'eau, pendant les froids rigoureux de l'hiver, est infailliblement brisé au moment de la solidification de l'eau.

Pendant toute la durée de la fusion de la glace la température reste constante. Cette température a été choisie comme point fixe inférieur du thermomètre centigrade : c'est le 0° de l'échelle thermométrique. La solidification de l'eau a lieu aussi à 0°. Cependant l'eau peut être refroidie au-dessous de 0° sans se solidifier; on dit alors que l'eau est en *surfusion*. Mais dans ce cas la solidification aura toujours lieu au contact d'une parcelle de glace et pourra se produire lorsqu'on agitera la masse liquide.

L'eau se réduit en vapeur à toutes les températures; on a appris à déterminer, dans le *Cours de Physique*, la tension maxima de la vapeur d'eau à une température donnée, c'est-à-dire la pression de la vapeur d'eau, en présence d'un excès de son liquide, à cette température. Lorsque la tension maxima de la vapeur d'eau devient égale à la pression atmosphérique, le liquide peut entrer en ébullition.

La température d'ébullition de l'eau sous la pression de une atmosphère a été choisie pour fixer le point fixe supérieur, le point 100 de l'échelle thermométrique centigrade.

Sous une pression plus forte la température d'ébullition de l'eau pure est encore constante, mais plus élevée que 100° C. ; c'est l'inverse pour les pressions plus faibles.

L'unité de quantité de chaleur, qu'on appelle la *calorie*, est par définition la quantité de chaleur nécessaire pour porter de 0 à 1 degré centigrade la température de 1 kilogramme d'eau.

1 kilogramme de glace exige pour fondre qu'on lui fournisse 80 calories environ; 80 est donc sa chaleur de fusion. La chaleur de vaporisation à 100°, c'est-à-dire la quantité de chaleur nécessaire pour transformer, sous la pression de une atmosphère, 1 kilogramme d'eau en vapeur saturante, est de 537 calories.

La densité de la vapeur d'eau est 0,622 ou $\frac{5}{8}$: cela veut dire que, à une température donnée et sous la même pression, le poids d'un certain volume de vapeur d'eau est $\frac{5}{8}$ de celui d'un même volume d'air.

10. Propriétés dissolvantes de l'eau. — Lorsqu'on chauffe de l'eau qui a été exposée pendant quelque temps au contact de l'air, on voit se dégager de petites bulles gazeuses : ce sont les gaz de l'air que l'eau tenait en dissolution qui se dégagent (6). Nous verrons d'ailleurs que tous les gaz sont dissous par l'eau en quantité plus ou moins grande.

L'eau dissout également des corps solides. Du sel marin, du sucre, que l'on met au contact de l'eau, se liquéfient, et le mélange intime des deux liquides constitue la dissolution. Inversement, si l'eau s'évapore, les matières solides dissoutes se déposeront à l'état solide, et subsisteront seules, sans avoir subi d'altération, si l'évaporation de l'eau est complète.

Lorsqu'on évapore une eau de source ou de rivière, on voit se constituer au fond du vase un dépôt solide formé de toutes les substances que cette eau tenait en dissolution; nous étudierons ces dépôts et nous apprendrons à les reconnaître.

Les propriétés physiques de l'eau que nous venons de passer rapidement en revue, les circonstances précises dans lesquelles s'effectuent ses changements d'état, sont étudiées dans les *Cours de Physique*. On a souvent pris l'eau comme exemple, la vérification des faits étant aisée avec une substance que chacun peut manier et qui joue d'ailleurs un rôle si important dans la nature. Des substances autres que l'eau se solidifient ou se vaporisent, se dilatent sous l'action de la chaleur, et l'étude de l'eau serait incomplète si nous la bornions à l'étude des transformations qu'elle éprouve sous l'action de la chaleur. Elle ne se distinguerait de toute autre substance que par sa densité, sa température de fusion ou d'ébullition, en un mot par l'ensemble des données numériques que le physicien détermine et enregistre avec grand soin.

L'action exercée sur l'eau par un courant électrique va nous apprendre quelque chose de plus.

17. Décomposition de l'eau par un courant électrique. — Lorsqu'on fait passer un courant électrique dans l'eau rendue conductrice par quelques gouttes d'acide sulfurique, on voit se dégager des bulles gazeuses sur les deux lames de platine qui servent d'électrodes.

Cette expérience se fait commodément à l'aide d'un petit appareil appelé *voltamètre* et qui se compose essentiellement d'un vase de verre (fig. 14) dont le fond est traversé par deux fils ou lames

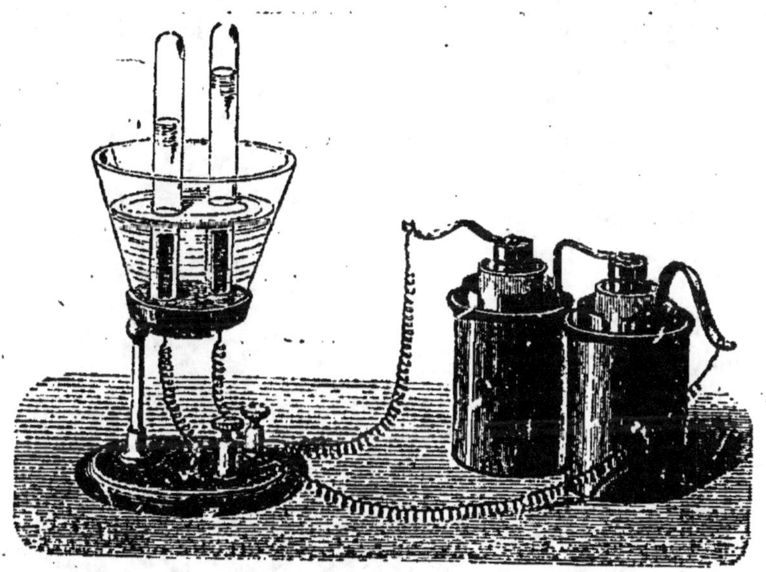

Fig. 14. — Décomposition de l'eau dans le voltamètre.

de platine que l'on relie aux deux pôles de la pile. On place dans ce verre de l'eau acidulée par quelques gouttes d'acide sulfurique et l'on dispose au-dessus de chaque fil de platine deux petites éprouvettes graduées pleines d'eau. Dès qu'on ferme le circuit, les bulles de gaz se dégagent sur les deux fils métalliques et sont recueillies dans les éprouvettes.

Le volume du gaz contenu dans l'éprouvette qui surmonte le fil de platine relié au pôle négatif de la pile est, à chaque instant, supérieur au volume gazeux contenu dans l'autre éprouvette, et si, après avoir laissé l'appareil fonctionner pendant quelque temps, on mesure ces deux volumes gazeux à la même pression, on trouve que *le volume du gaz que l'on recueille à l'électrode négative est double du volume de l'autre gaz.*

Ces deux gaz peuvent être distingués facilement l'un de l'autre.

Le gaz qui se dégage au pôle négatif est inflammable; chauffé en présence d'oxygène ou d'air, il brûle avec une flamme pâle; on l'appelle l'*hydrogène.*

Celui que l'on recueille au pôle positif n'est pas inflammable, mais lorsqu'on introduit dans une atmosphère de ce gaz une allumette presque éteinte, elle se rallume et brûle avec un grand éclat; ce gaz est l'*oxygène* que nous savons déjà retirer de l'air.

Nous disons que le courant électrique a *décomposé* l'eau en hydrogène et oxygène et que nous avons fait l'*analyse* de l'eau.

18. Décomposition de l'eau par un métal. — Nous pouvons opérer d'autre façon pour extraire de l'eau tout ou partie de son hydrogène. Quelques métaux décomposent l'eau, les uns à froid, les autres lorsqu'on les a portés à une température plus ou moins élevée en présence de la vapeur d'eau; il se fait alors de l'hydrogène.

1° Projetons, par exemple, un fragment de potassium sur de l'eau légèrement colorée par de la teinture rouge de tournesol (fig. 15). Le métal tournoie à la surface, et l'hydrogène qui se dégage, porté à une température élevée par la chaleur dégagée dans la réaction, brûle à l'air

Fig. 15. — Morceau de potassium réagissant sur l'eau placée dans un cristallisoir.

avec une flamme *violacée*[1] en s'unissant à l'oxygène. Pendant cette réaction, le potassium a été fondu et s'est déplacé à la surface du

1. Les vapeurs du potassium ou d'un composé volatil de ce métal colorent les flammes en *violet*; le sodium les colore en *jaune.*

liquide à l'état sphéroïdal en se transformant peu à peu en un corps que nous étudierons sous le nom de *potasse*. Celle-ci, fortement chauffée, ne touche pas le liquide ; mais au moment où l'hydrogène cesse de se former, la potasse se refroidit, arrive au contact du liquide et s'y dissout brusquement avec le bruit d'un fer rouge que l'on plongerait dans l'eau, non sans projeter parfois des fragments de tous côtés ; aussi doit-on effectuer cette réaction dans un vase profond, ou, si l'on opère dans un cristallisoir, recouvrir celui-ci d'une plaque de verre, percée d'un trou en son centre. La potasse dissoute a ramené au bleu le tournesol rougi.

Le sodium aussi décompose l'eau à froid ; mais la chaleur dégagée dans la réaction est moindre et l'hydrogène ne s'enflamme pas. Pour obtenir l'inflammation de ce gaz, il faut empêcher le sodium de se déplacer à la surface de l'eau ; c'est ce que l'on réalise, par exemple, en plaçant au fond d'un cristallisoir une couche d'eau très mince, à la surface du liquide une feuille de papier buvard et projetant le sodium sur celle-ci. L'hydrogène brûle avec une flamme *jaune*. Dans cette expérience il se fait de la *soude* que l'on retrouverait en faisant évaporer l'eau.

On met plus nettement en évidence la mise en liberté de l'hydrogène en faisant passer un fragment de potassium ou de sodium dans une éprouvette remplie de mercure et renfermant, à sa partie supérieure, un peu d'eau débarrassée d'air par une ébullition préalable (fig. 16). L'hydrogène déplace le mercure et on peut étudier ses propriétés.

2° Introduisons dans un tube de porcelaine ou de grès *vernissé* intérieurement un paquet de fil de fer et portons ce tube au rouge sombre à l'aide d'un fourneau à réverbère ou d'une grille à gaz (fig. 17). Puis dirigeons sur le métal de la vapeur d'eau que nous obtenons en faisant bouillir ce liquide contenu dans une petite cornue de verre. Par un tube de dégagement, adapté à l'autre extrémité du tube, nous recueillons de l'hydrogène dans des éprouvettes remplies d'eau.

Le métal que l'on retire du tube, après le refroidissement, a perdu son éclat : il est recouvert d'une couche d'un brun presque noir, terne ; en pliant les fils de fer, il s'en détache une poussière

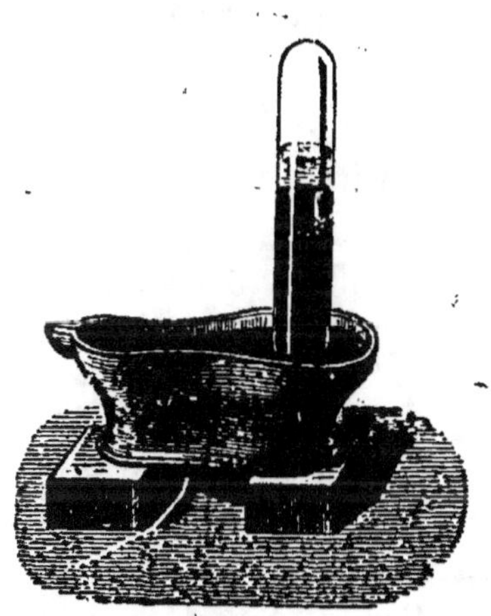

Fig. 16. — Production d'hydrogène par l'action du sodium sur l'eau.

brune identique par ses propriétés à cette substance qui a pris
naissance quand on a brûlé du fer dans l'oxygène (9). C'est un composé oxygéné du fer connu sous le nom d'*oxyde salin* ou *oxyde*

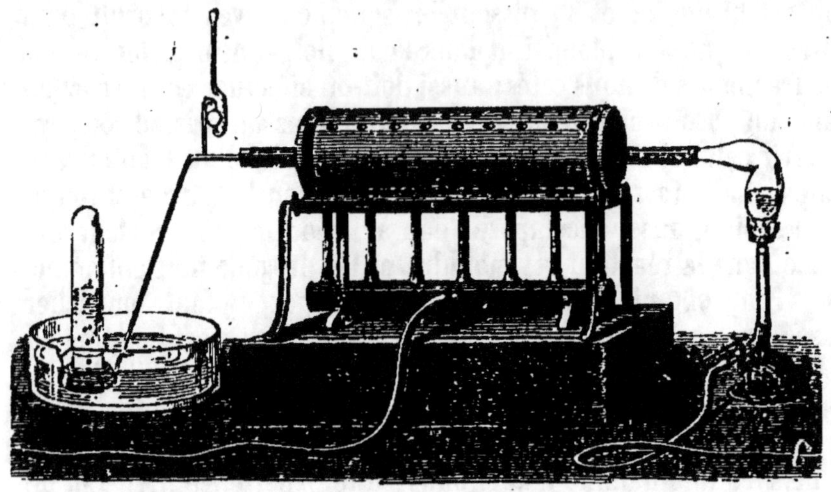

Fig. 17. — Production d'hydrogène par l'action du fer chauffé au rouge sur
la vapeur d'eau.

de fer magnétique[1]; il a, en effet, la composition de la pierre
d'aimant naturelle.

La vapeur d'eau, en passant sur le fer chauffé au rouge, s'est
donc décomposée; l'hydrogène s'est dégagé et l'oxygène est resté
fixé sur le fer, avec lequel il s'est *combiné*.

10. Synthèse de l'eau. — *En volume.* — L'hydrogène chauffé
au contact de l'air brûle en formant de l'eau. Il s'est emparé de
l'oxygène et c'est de l'union intime de ces deux corps que résulte
l'eau. En mélangeant dans un vase de verre de l'oxygène et de
l'hydrogène on n'observe rien de particulier; l'ensemble reste
gazeux et ne présente nullement les propriétés de l'eau. Mais si
l'on vient à chauffer un point de ce mélange avec une flamme
ou mieux avec une étincelle électrique une violente explosion
se produit et le vase est brisé si l'on opère sur des quantités un
peu grandes. En répétant l'expérience un grand nombre de fois
sur de petites quantités on voit de l'eau ruisseler sur les parois
du vase.

On peut réaliser cette expérience de façon à mesurer les vo-

1. Fer + eau donnent oxyde magnétique + hydrogène.

$$3Fe + III^2O = Fe^3O^4 + 8H.$$

lumes qui entrent en jeu.—Dans ce but nous nous procurerons un eudiomètre (fig. 18), nous le remplirons de mercure, puis nous y ferons pénétrer des volumes égaux d'hydrogène et d'oxygène, par exemple 8 centimètres cubes de chaque.

Nous ferons alors jaillir une étincelle électrique. Nous verrons une flamme se produire à l'intérieur de l'appareil, puis le mercure montera dans l'eudiomètre, mais il n'atteindra pas le sommet, il s'arrêtera et nous pourrons vérifier qu'il est resté dans

Fig. 18. — Un eudiomètre consiste essentiellement en une éprouvette à parois résistantes traversée à sa partie supérieure par deux fils métalliques qui, se terminant à peu de distance l'un de l'autre, permettent de faire éclater une étincelle électrique dans la masse gazeuse qui y est contenue.

l'appareil 4 centimètres cubes d'un gaz qui se trouvera être de l'oxygène pur.

Il s'est formé de l'eau qui se condense sur les parois, mais à l'état liquide cette eau n'occupe que la 6 millième partie d'un centimètre cube; aussi est-il difficile de l'apercevoir.

L'expérience précédente nous apprend que pour former de l'eau 8 centimètres cubes d'hydrogène s'unissent à 4 centimètres cubes d'oxygène. On dira donc que 2 volumes d'hydrogène s'unissent à 1 volume d'oxygène pour donner de l'eau.

Si l'on met dans l'eudiomètre ces deux gaz dans cette proportion, après l'étincelle le mercure monte au sommet de l'appareil, mais souvent avec tant de force qu'il en brise le fond.

En opérant dans un eudiomètre, maintenu à une température fixe supérieure à 100°, l'eau formée reste à l'état de vapeur et on observe alors que 2 volumes d'hydrogène, s'unissant à 1 volume d'oxygène, donnent 2 volumes d'eau en vapeur, tous ces volumes étant mesurés à la même température et à la même pression[1].

20. Composition de l'eau. — La synthèse eudiométrique a montré que deux volumes d'hydrogène, en s'unissant à un volume d'oxygène, forment 2 volumes de vapeur; il a été facile de déduire de là, connaissant les densités de l'hydrogène, de l'oxygène et de la vapeur d'eau, la composition en poids. Mais les expériences de Dumas (27) donnent immédiatement la composition de l'eau en poids; comme moyenne d'un grand nombre d'expériences, on a trouvé :

Oxygène. . . . . 88^{gr},89
Hydrogène. . . . . 11^{gr}.11
———
Pour eau . . . . 100^{gr}

21. **Historique.** — Ce n'est que vers la fin du dix-huitième siècle que l'on établit que l'eau est un corps composé. Cavendish[2] avait observé que l'hydrogène brûlait à l'air et qu'il se condensait de l'eau sur un corps froid. Mais cette expérience fut tout d'abord mal interprétée, et c'est Lavoisier qui établit nettement que l'eau résultait de la combinaison de l'hydrogène et de l'oxygène. L'oxygène a été découvert en 1774; l'année suivante, Lavoisier établit que l'air renferme de l'oxygène et que lorsqu'un corps brûle au contact de l'air, c'est qu'il se combine avec l'oxygène. Il était à présumer que, dans l'expérience de Cavendish, l'hydrogène en brûlant se combinait avec l'oxygène de l'air et que l'eau résultait de l'union de ces deux gaz. C'est ce que Lavoisier et Laplace vérifièrent en 1783, en faisant brûler un jet d'hydrogène dans une atmosphère d'oxygène et condensant l'eau formée. Ils reconnurent ainsi que le poids de l'eau était égal à la somme des poids des deux gaz. En 1784, Lavoisier et Meusnier décomposèrent l'eau en faisant passer sa vapeur sur du fer chauffé au rouge. Mais le rapport des poids d'hydrogène et d'oxygène qu'ils trouvèrent ainsi était inexact. Gay-Lussac[3] et Humboldt[4] fixèrent en 1805 la composition de l'eau en volume, par la méthode eudiométrique.

22. **Eaux potables.** — Les eaux de source, de rivière, de puits contiennent en dissolution des matières empruntées aux objets avec lesquels elles ont été en contact, sol, végétaux, etc.

La présence de certaines matières, ainsi que la présence de toutes en trop grande quantité, rend dangereux pour la santé l'usage habituel de ces eaux comme boisson. L'analyse complète des eaux est un problème trop compliqué pour que nous l'abordions ici. Nous indiquerons seulement quelques essais auxquels on pourra soumettre l'eau afin de savoir si elle est potable ou non.

1. Voir § 20 la synthèse de l'eau en poids.
2. Cavendish, physicien anglais, né en 1731, mort en 1810.
3. Né en 1778 à Saint-Léonard, petite ville de l'ancien Limousin, et mort en 1850.
4. Alexandre de Humboldt, né à Berlin en 1769, mort en 1861.

Une eau potable doit être fraîche, limpide, sans odeur, et, ce qui n'est pas le cas de l'eau distillée, elle doit avoir une saveur agréable.

1° Abandonnée quelques jours dans un vase bien propre, elle ne doit pas entrer en putréfaction : elle ne prendra pas une odeur désagréable, on n'y verra pas se former des moisissures. Dans le cas contraire, cette eau contiendrait des matières organiques, elle serait à rejeter, car les germes de nombreuses maladies s'y trouveraient certainement, le milieu étant très favorable à leur développement. Si l'on était dans la nécessité de consommer une telle eau, il faudrait au préalable la faire bouillir pendant un quart d'heure, la laisser refroidir et l'employer peu après. Cette mesure est d'ailleurs à recommander pour toutes les eaux en temps d'épidémies.

2° Le résidu obtenu en évaporant un litre d'eau potable sans dépasser 180°, devra peser entre 0^{gr},015 et 0^{gr},500.

Il sera constitué en grande partie par des substances empruntées au sol : carbonate de calcium (pierre calcaire), sulfate de calcium (pierre à plâtre), sulfate et chlorure de magnésium, etc.

3° On dissoudra du savon blanc de Marseille dans l'alcool. On versera, dans 20 centimètres cubes de l'eau à examiner, un peu de cette solution et on agitera. Il se produira un trouble blanc, mais il ne devra pas se faire des grumeaux volumineux et la quantité de savon qu'il faudra mettre, pour détenir une mousse persistant au moins cinq minutes, ne devra pas être très grande. Dans le cas contraire l'eau serait riche en sels de calcium ou de magnésium nuisibles à la santé, elle serait impropre au savonnage, à la cuisson des légumes et même à l'alimentation des chaudières si l'essai précédent exigeait trop de savon.

On peut faire de cet essai un procédé quantitatif d'une précision suffisante pour les besoins de l'industrie, c'est l'*essai hydrotimétrique*. On s'appuie sur ce que le poids de savon qu'il faut ajouter, pour obtenir la mousse persistante, est sensiblement proportionnel au poids des substances empruntées au sol énumérés plus haut.

HYDROGÈNE.

23. Préparation. — 1° La décomposition de l'eau par un courant électrique (17) fournit de l'hydrogène très pur, que l'industrie livre comprimé à 120 atmosphères dans des récipients en acier.

2° Lorsqu'on verse sur des morceaux de fer ou de zinc de l'acide sulfurique étendu d'eau, une effervescence se produit et il se dégage de l'hydrogène. Pour le recueillir, on opère comme il suit :

On introduit dans un flacon, qui porte une tubulure latérale, du zinc en grenaille ou en lamelles, et par un tube en entonnoir qui pénètre par le goulot du flacon et plonge jusqu'au fond, on verse par petites portions de l'acide sulfurique étendu de cinq à six fois son volume d'eau (fig. 19). Par un tube deux fois recourbé,

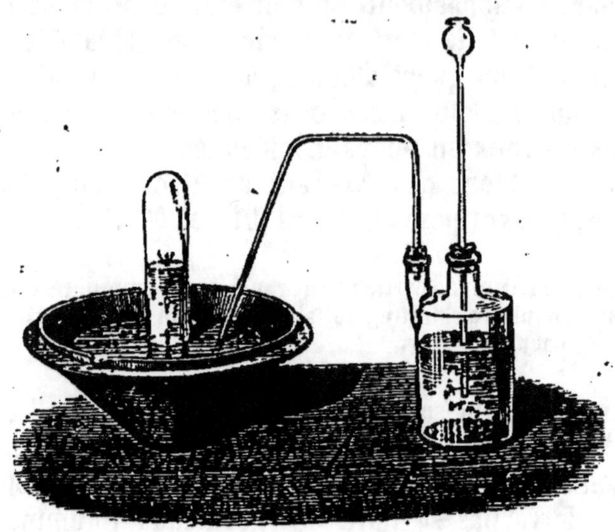

Fig. 19. — Préparation de l'hydrogène par le zinc et l'acide sulfurique.

adapté à la tubulure latérale et qui plonge dans une terrine remplie d'eau, on voit se dégager des bulles gazeuses. Si l'on place au-dessus de l'orifice du tube de dégagement une *éprouvette*, préalablement remplie d'eau, le gaz, plus léger que le liquide, chasse peu à peu celui-ci et remplit l'éprouvette[1].

Au lieu d'acide sulfurique, on peut verser dans le flacon un liquide que nous étudierons sous le nom d'*acide chlorhydrique dissous*.

24. Propriétés physiques. — L'hydrogène est un gaz incolore, inodore lorsqu'il est pur, et sans saveur. Il est très peu soluble dans l'eau, qui n'en dissout que 0,19 de son volume environ.

Il est difficile d'obtenir l'hydrogène liquide. Sous cette forme il bout, en effet, à 252° au-dessous de zéro.

---

1. Acide sulfurique + zinc donnent hydrogène + sulfate de zinc.

$$SO^4H^2 + Zn = SO^4Zn + 2H.$$

1° *L'hydrogène est plus léger que l'air.* — C'est le plus léger de tous les gaz connus : il pèse 14 fois et demie moins que l'air sous le même volume, et dans les mêmes conditions de température et de pression. En d'autres termes, un litre d'air pesant $1^{gr},293$, un litre d'hydrogène pèsera $\frac{1,293}{14,5} = 0^{gr},089$.

La densité (9) de l'hydrogène sera $\frac{1}{14,5} = 0,0694$. On met en évidence l'extrême légèreté de l'hydrogène par les expériences suivantes :

Une éprouvette remplie d'hydrogène peut être tenue verticalement sans que ce gaz s'échappe, pourvu que l'ouverture soit tournée vers le bas. Mais si l'on retourne l'éprouvette en dirigeant l'ouverture en haut, l'hydrogène plus léger que l'air s'élève et l'éprouvette n'en renferme bientôt plus.

Si l'on plonge dans l'eau de savon l'extrémité d'un tube par

Fig. 20. — Gonflement des bulles de savon avec de l'hydrogène.

lequel se dégage de l'hydrogène, des bulles se forment et s'élèvent dans l'atmosphère (fig. 20).

2° *L'hydrogène traverse rapidement les corps poreux.* — Un tube en terre poreux (vase de pile) est fermé par un bouchon en caoutchouc (fig. 21). Par un tube B, on fait arriver un courant d'hydrogène qui chasse l'air et s'échappe par le tube vertical C à travers un liquide coloré. Lorsque l'appareil est rempli d'hydrogène, on interrompt l'arrivée du gaz et l'on voit immédiatement

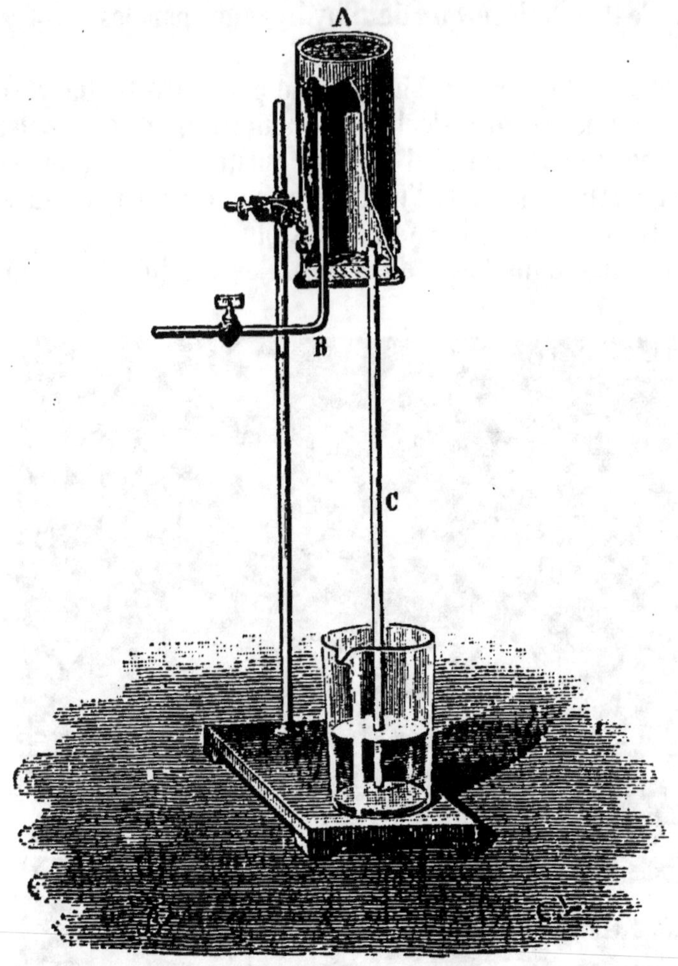

Fig. 21. — Appareil destiné à montrer le passage de l'hydrogène à travers un vase poreux.

le liquide monter dans le tube vertical, montrant ainsi que la pression a diminué à l'intérieur du vase poreux. L'hydrogène s'est échappé de ce vase plus rapidement que les gaz de l'air ne sont rentrés : de là un vide partiel.

L'expérience suivante est l'inverse de celle-ci. Au bouchon du vase poreux A (fig. 22) on adapte un tube recourbé renfermant un liquide coloré qui s'élève au même niveau dans les deux branches lorsque la pression de l'air contenu dans le vase poreux

est égale à la pression atmosphérique. On recouvre le vase poreux d'une cloche dans laquelle, par le tube B, on fait arriver un
courant d'hydrogène. On voit immédiatement le liquide baisser du
côté du vase et s'élever de l'autre, accusant une augmentation

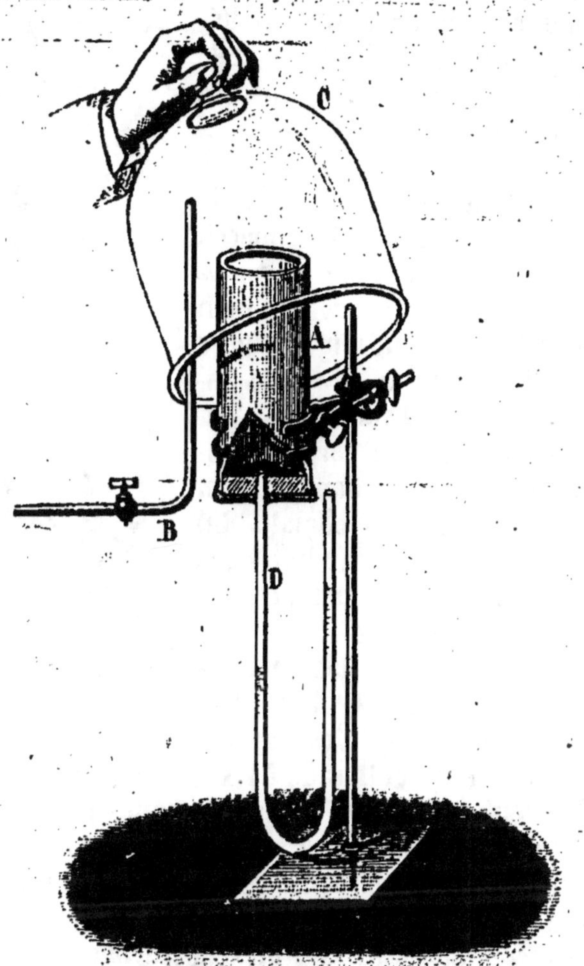

Fig. 22. — Appareil destiné à montrer le passage de l'hydrogène
à travers un vase poreux.

de pression à l'intérieur du vase poreux. L'hydrogène a pénétré
à l'intérieur de celui-ci plus rapidement que l'air n'en est sorti.

Il faudra donc éviter, dans l'installation de tout appareil où
l'hydrogène doit circuler, l'emploi de vases poreux ou de tubes en
terre non vernissée que ce gaz traverserait. Il traverse également
les métaux chauffés au rouge (tubes de fer ou de platine) et les
enveloppes de caoutchouc.

25. Propriétés chimiques. — 1° *L'hydrogène est combustible.*
— De l'ouverture d'une éprouvette remplie d'hydrogène et tenue

verticalement, l'orifice en bas, approchons une bougie adaptée à l'extrémité d'un fil métallique (fig. 23); l'hydrogène prend feu et brûle lentement à l'orifice du tube, c'est-à-dire au contact de l'air, avec une flamme peu éclairante. Introduisons la bougie dans l'éprouvette, elle s'éteint, et cette expérience montre que si l'hydrogène est combustible, il n'entretient pas la combustion.

On peut étudier la combustion de l'hydrogène à l'aide d'un petit appareil connu autrefois sous le nom de *lampe philosophique*. Au tube de dégagement de l'appareil à hydrogène on substitue un tube vertical effilé à sa partie supérieure (fig. 24). L'hydrogène s'enflamme à l'approche d'un corps incandescent et brûle avec une flamme pâle, peu éclairante, mais très chaude. Un fil de platine que l'on introduit dans cette flamme fond en quelques instants. La combustion de 1 gramme d'hydrogène est accompagnée d'un dégagement de chaleur de 34^{cal},5, c'est-à-dire que la chaleur dégagée est capable

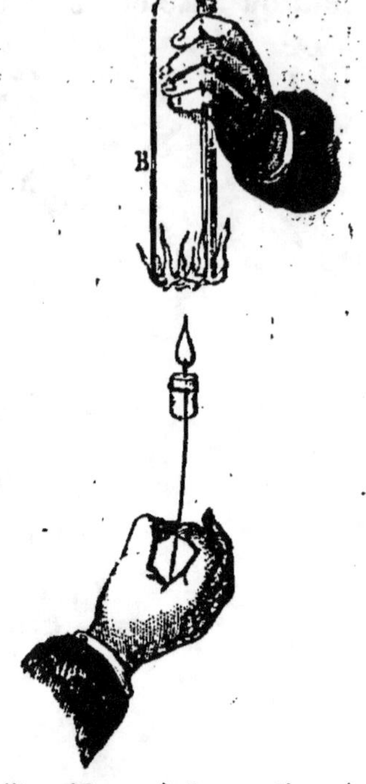

Fig. 23. — Inflammation à l'air d'une éprouvette d'hydrogène.

de porter, de 0° à 1° centigrade 34 kilogrammes et demi d'eau.

Lorsqu'on veut enflammer l'hydrogène qui se dégage à l'extrémité d'un tube effilé adapté à un appareil producteur, il faut avoir grand soin de n'approcher le corps incandescent de l'orifice du tube que lorsque l'appareil a fonctionné pendant quelque temps, de façon que l'air ait été chassé par un dégagement abondant d'hydrogène. Sans cette précaution, une explosion violente se produirait et le flacon volerait en éclats.

2° *L'hydrogène forme avec l'air ou avec l'oxygène des mélanges détonants.* — Si on introduit en effet dans un petit flacon un mélange de 2 volumes d'hydrogène et de 1 volume d'oxygène, une violente détonation se produit à l'approche d'une flamme. Pour préserver la main qui tient le flacon, dans le cas où il viendrait à se briser, il faut avoir soin de l'envelopper d'un ou de plusieurs linges mouillés. Au contact du corps incandescent, l'hydrogène et l'oxygène se sont combinés avec un dégagement de chaleur considérable; la vapeur d'eau produite s'est tout d'abord dilatée, a refoulé l'air à l'orifice du flacon, puis cette vapeur s'est condensée, un vide s'est produit et l'air est brusquement rentré. C'est à cette expansion et à cette condensation brusque qui se sont succédé à un très court intervalle de temps, qu'est dû le bruit qui accompagne la combinaison. Pour réaliser la même expérience en remplaçant l'oxygène par l'air atmosphé-

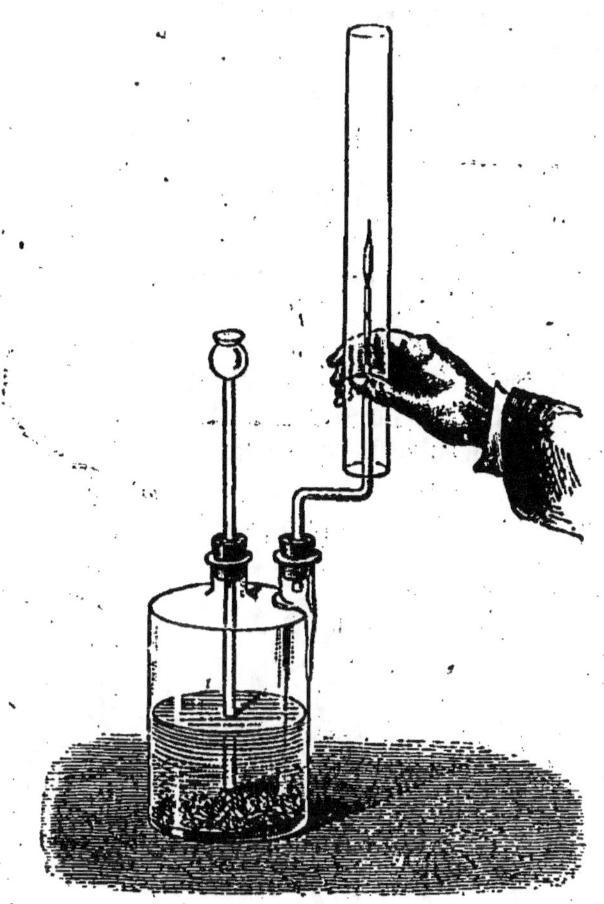

Fig. 21. — Harmonica chimique.

rique, il faudrait employer, pour 2 volumes d'hydrogène, 5 volumes d'air, puisque l'air ne contient que le cinquième de son volume d'oxygène. La détonation serait moins violente, car la combustion laissant comme résidu de l'azote, celui-ci reste en partie dans le flacon et la rentrée de l'air est moins brusque.

Lorsqu'on entoure la flamme de l'hydrogène d'un large tube de verre de 1 mètre à 1 m. 50 de longueur, on observe que le tuyau rend un son grave ou aigu suivant son diamètre et la position de la flamme. On peut se rendre compte de ce fait en admettant que le courant d'air ascendant soulève la flamme et qu'une petite quantité d'hydrogène, s'échappant par l'ouverture effilée du tube, forme avec l'air un mélange détonant; ces petites détonations, se succédant à des intervalles de temps très rapprochés, produisent un son que le tuyau renforce. La colonne d'air vibre, et la flamme, comme il est facile de le constater, est elle-même en vibration. Cette expérience est désignée sous le nom d'*harmonica chimique*.

La combinaison de l'hydrogène et de l'oxygène a lieu également sous l'influence d'une étincelle électrique. On introduit dans un eudiomètre à mercure (19, fig. 18) un volume quelconque d'oxygène et un volume double d'hydrogène, et on fait passer une étincelle électrique. Une détonation se produit, de l'eau se condense sur les parois supérieures du tube, et le mercure s'élève jusqu'au sommet.

On peut obtenir encore la combinaison des deux gaz par un procédé différent : Dans une éprouvette remplie d'un mélange de 2 volumes d'hydrogène et de 1 volume d'oxygène, on introduit un morceau de platine poreux (*mousse* ou *éponge de platine*).

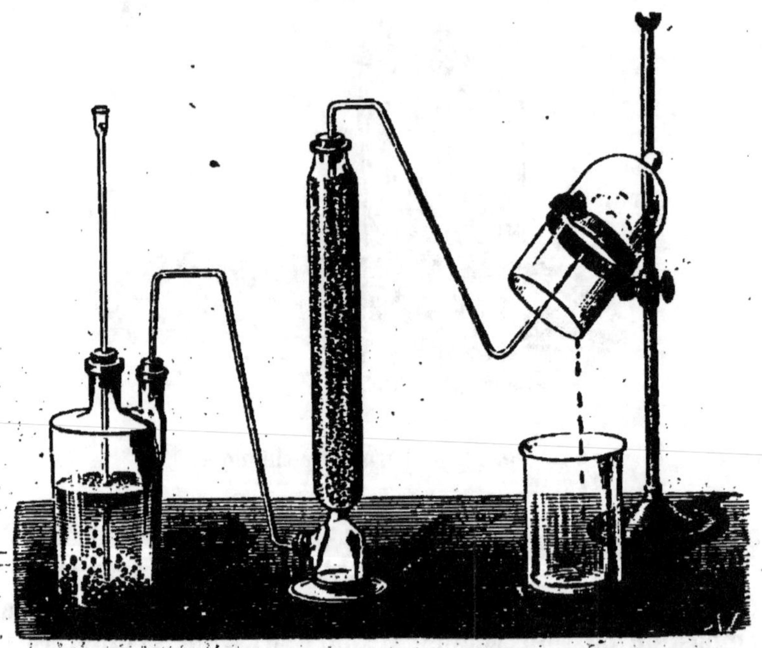

Fig. 25. — Production d'eau dans la combustion de l'hydrogène.

Au bout de quelques instants le métal rougit et la détonation a lieu. Ce phénomène, singulier en apparence, peut s'expliquer ainsi : La mousse de platine jouit de la propriété de condenser les gaz : dans le cas actuel, elle condense l'hydrogène et cette condensation est accompagnée d'un dégagement de chaleur suffisant pour porter le métal au rouge ; ce dernier agit alors comme corps incandescent, ainsi que le ferait l'étincelle ou une flamme, pour déterminer la combinaison des deux gaz.

3° *L'hydrogène en brûlant forme de la vapeur d'eau.* — Enflammons de l'hydrogène, desséché avec soin, à l'extrémité d'un tube effilé relié à un appareil producteur de ce gaz (fig. 25), et recouvrons la flamme d'une grande cloche en verre ; les parois froides de cette cloche se recouvrent de fines gouttelettes d'eau, qui bientôt ruissellent et qu'on peut recueillir. Nous avons vu, en étudiant l'air atmosphérique, qu'il renfermait de l'oxygène ; l'hydrogène, en brûlant, s'est combiné à l'oxygène de l'air pour former de l'eau[1].

26. Propriétés réductrices de l'hydrogène. — L'hydrogène n'est pas seulement susceptible de s'unir avec l'oxygène libre, un certain nombre de composés des métaux et de l'oxygène

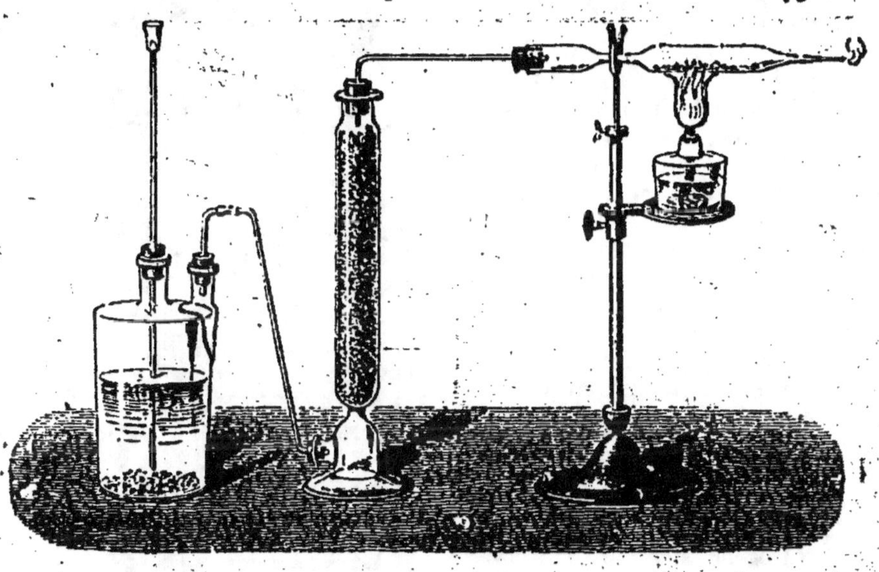

Fig. 26. — Réduction de l'oxyde de cuivre par l'hydrogène.

(*oxydes métalliques*) cèdent leur oxygène à l'hydrogène lorsqu'on les chauffe dans un courant de ce gaz.

Le cuivre chauffé à l'air noircit et augmente de poids ; il s'est formé une nouvelle substance aux dépens du cuivre et de l'oxygène de l'air qu'on appelle l'oxyde de cuivre.

1. Hydrogène + oxygène donne de l'eau.
$$H + O = HO.$$

Dans un tube en verre effilé à son extrémité, et renfermant de l'oxyde de cuivre, dirigeons un courant d'hydrogène (fig. 26). Lorsque l'air aura été chassé, chauffons l'oxyde : nous verrons au bout de quelques instants de la vapeur d'eau se dégager à l'extrémité du tube, la matière devenir incandescente, et l'oxyde de cuivre qui était noir se transformer en une matière rouge, qui est du cuivre métallique[1]. La transformation d'un corps oxygéné en un autre moins ou pas oxygéné est appelée une *réduction*, et l'hydrogène est dit un agent *réducteur*.

27. Synthèse de l'eau en poids. — En 1843, Dumas a déterminé avec précision le rapport des poids d'hydrogène et d'oxygène qui s'unissent pour former l'eau en utilisant la réduction de l'oxyde de cuivre par l'hydrogène.

Bien que l'appareil représenté par la figure 27 paraisse compliqué, la méthode est simple. Lorsqu'on chauffe du cuivre dans l'oxygène, il noircit et augmente de poids ; inversement, si l'on chauffe cette matière noire (*oxyde de cuivre*) dans un courant d'hydrogène, il se forme de l'eau, et l'on retrouve du cuivre à la fin de l'expérience. On fait passer sur de l'oxyde de cuivre chauffé un courant de gaz hydrogène bien pur, on condense l'eau formée et on la pèse. Si l'on détermine, d'autre part, la perte de poids p qu'a éprouvée l'oxyde de cuivre, et qui représente le poids d'oxygène qui a concouru à former de l'eau, on obtient le poids d'hydrogène auquel il s'est combiné en retranchant du poids P de l'eau ce poids p d'oxygène.

1. Hydrogène + oxyde de cuivre donne eau + cuivre.

$$2H + CuO = H^2O + Cu.$$

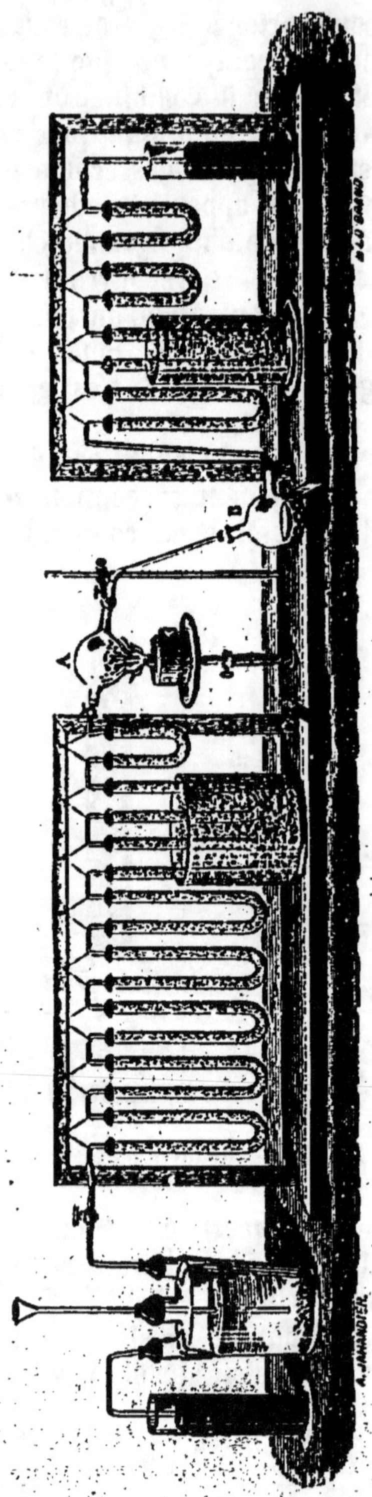

Fig. 27. — Synthèse de l'eau en poids.

L'appareil se compose essentiellement d'un ballon A qui porte deux tubulures latérales, et dans lequel on introduit un poids connu d'oxyde de cuivre bien sec. Par une de ces tubulures on fait arriver un courant d'hydrogène qui se dessèche et se purifie en traversant des tubes en forme d'U, renfermant des substances convenablement choisies. Lorsque l'air a été chassé de l'appareil par un dégagement lent et prolongé d'hydrogène, on chauffe l'oxyde de cuivre avec une lampe à alcool; la vapeur d'eau qui se produit vient se condenser dans un ballon B et dans une série de tubes renfermant des matières desséchantes, dont on détermine l'augmentation de poids à la fin de l'expérience. C'est ainsi que Dumas a trouvé que 100 gr. d'eau résultaient de l'union, de la combinaison de 88^{gr},89 d'oxygène avec 11^{gr},11 d'hydrogène (20).

28. Applications. — L'hydrogène est un *réducteur* très fréquemment utilisé dans les laboratoires. Comme il est 14,5 fois plus léger que l'air, on l'emploie à gonfler les aérostats. Mais il traverse les enveloppes avec trop de facilité, et les ballons se dégonflent rapidement. On lui substitue presque généralement le gaz de l'éclairage, plus lourd il est vrai, mais facile à se procurer dans les usines à gaz.

Industriellement, on utilise l'énorme quantité de chaleur dégagée par la combustion d'un mélange de 2 volumes d'hydrogène et de 1 volume d'oxygène pour fondre le platine, souder les métaux précieux peu fusibles. On se sert à cet effet du chalumeau.

Le chalumeau oxhydrique (fig. 28) se compose de deux tubes

Fig. 28. — Chalumeau à oxygène et hydrogène.

concentriques : l'un amène l'oxygène; par l'espace annulaire arrive l'hydrogène. Pour éviter tout danger d'explosion, les gaz ne se mélangent que vers l'orifice, à quelques centimètres de celui-ci. Le bout du chalumeau est en platine.

A l'aide de cet instrument on peut atteindre environ 2000°. A cette température les solides ou les liquides sont depuis longtemps incandescents, ils émettent une lumière éblouissante; l'œil ne peut supporter quelque temps l'éclat du platine fondu sans être protégé par des verres fumés.

Un cylindre de chaux ou de magnésie chauffé par la flamme du chalumeau ne fond pas mais devient très lumineux. On obtient ainsi la lumière de Drumond ou lumière oxhydrique.

CHAPITRE III

20. Chlorure de sodium. — L'eau de la mer soumise à la distillation (15) nous a fourni de l'eau pure ; mais nous avons remarqué qu'il restait un résidu. Le poids et la nature de ce résidu dépendent de l'eau utilisée. Ainsi 10 kilogrammes d'eau de la Méditerranée laisseront environ 331 grammes de résidu solide, la même quantité d'eau de l'Atlantique 503 grammes. Mais de ces résidus, par un traitement approprié, on tire un produit qui présente des caractères à peu près constants, le *sel de cuisine*. Voici comment on s'y prend :

On met une certaine quantité d'eau de mer au soleil ; l'eau s'évapore peu à peu, la densité du liquide augmente de plus en plus et il se forme un dépôt de plus en plus considérable. Mais on a soin de ne pas laisser l'évaporation se produire totalement dans le même bassin. On a par exemple trois séries de bassins A, B, C. L'eau de mer introduite dans la série de bassins A possède une densité voisine de 1,02 ; le liquide qui sort des bassins A entre dans les bassins B avec une densité de 1,11, il en sort avec une densité de 1,19 pour pénétrer dans les bassins C, d'où il s'écoule avec une densité de 1,24[1].

Les dépôts qui se sont formés dans les bassins A, B et C sont très différents d'aspect, de goût, etc., ceux obtenus dans les bassins C sont réunis en tas, ils s'égouttent et le produit ainsi obtenu est le sel de cuisine.

On ne peut pas dire que tous les sels de cuisine sont identiques entre eux, mais ils diffèrent peu les uns des autres. Par des traitements convenables on peut de tous extraire un même corps, le *chlorure de sodium*[2], qu'ils renferment dans la propor-

---

1. Ce dernier liquide est connu sous le nom d'eaux mères des marais salants.
2. Le même sel peut être extrait des mines de sel gemme.

tion de 95 pour 100 environ. Nous dirons que le sel de cuisine est formé principalement par du chlorure de sodium et dans les opérations qui ne sont pas très délicates on pourra employer le sel marin au lieu et place de chlorure de sodium.

30. Propriétés. — Lors de l'évaporation de ses dissolutions aqueuses le chlorure de sodium se dépose sous forme de petits cubes. On dit qu'il cristallise. Ces cristaux cubiques, s'associent et forment des trémies (fig. 29).

100 grammes d'eau laissés longtemps en contact avec du chlorure de sodium en excès n'en dissolvent que 36 grammes à la

Fig. 29. — Trémies de sel marin.

température de 16°. On dit alors qu'une solution de 36 grammes de ce sel dans 100 grammes d'eau est, à 16°, une *solution saturée*. En faisant bouillir de l'eau en présence d'un excès de sel, on s'aperçoit que 100 grammes dissolvent alors 40^{gr},4 de sel. Cette solution bout à 110° sous la pression d'une atmosphère. On voit que le sel n'est pas beaucoup plus soluble dans l'eau chaude que dans l'eau froide, cependant il y a une différence, la solution n'exige donc pas la même quantité de sel pour être saturée à chaud ou à froid.

Le chlorure de sodium fond au rouge (à 790°).

31. Électrolyse du chlorure de sodium. — On se rappelle comment, en faisant passer un courant électrique dans l'eau, on a obtenu aux dépens de l'eau deux autres corps, l'oxygène et l'hydrogène.

De même en faisant passer un courant électrique dans du chlorure de sodium liquide on obtient aux dépens de ce sel deux autres corps, du chlore et du sodium[1]. L'expérience peut se faire de la façon suivante : le sel est amené à l'état liquide par fusion[2].

Le courant n'est pas amené par des fils de platine comme dans le voltamètre. Ici l'anode sera en charbon, la cathode en tôle, comme par exemple dans l'appareil conseillé par Borchers (fig. 50).

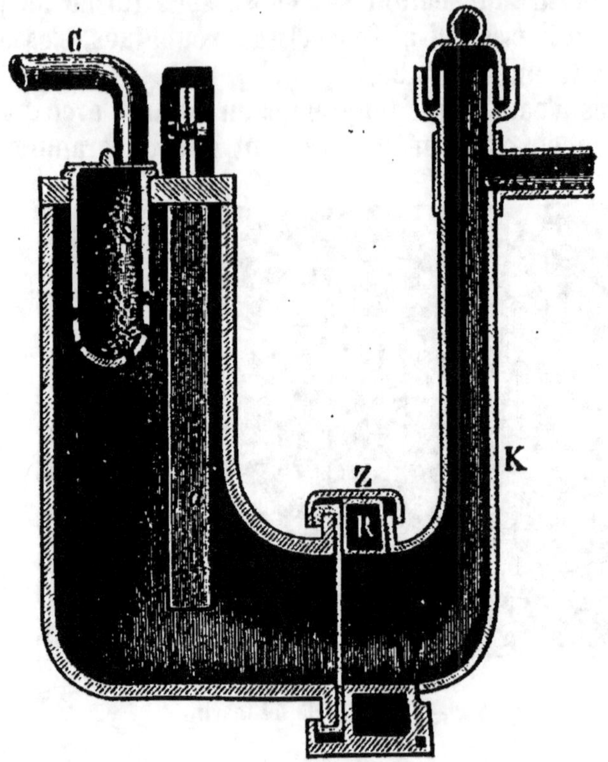

Fig. 50. — Appareil Borchers pour la fabrication du sodium par électrolyse.

C'est une sorte de tube en U, la branche de gauche A constitue le compartiment positif où se produira le chlore, celui-ci sortira par le tube C. Les parois de cette branche sont en terre réfractaire non conductrice. Le courant pénètre dans cette partie de l'appareil par des anodes en charbon a.

La deuxième branche du tube K a ses parois en tôle; ce sont ces parois qui servent de cathodes. Il se fait là du sodium.

1. Chlorure de sodium donne du chlore et du sodium.

$$NaCl = Cl + Na.$$

2. Il faut alors atteindre au moins 790°, ce qui est une gêne. Un mélange de chlorure de sodium avec deux autres corps, le chlorure de potassium et le chlorure de strontium, fond à une température beaucoup plus basse et peut être utilisé à la place du chlorure de sodium pur.

Le chlorure de sodium destiné à alimenter le bain est introduit dans un papier percé en terre S.

Le chlorure sera décomposé et on verra apparaître deux corps nouveaux; A la cathode du sodium, à l'anode du chlore; les deux corps sont très différents l'un de l'autre et très différents aussi du chlorure de sodium.

32. Propriétés du sodium. — Le sodium est un métal mou, d'un éclat et d'une couleur rappelant ceux de l'argent; mais comme il se ternit rapidement à l'air, ses morceaux sont généralement recouverts d'une croûte qu'il faut gratter pour apercevoir la vraie couleur. A 95° il devient liquide, il se volatilise vers le rouge et prend feu à l'air un peu avant.

Nous avons décrit ce qui se passe quand on met du sodium dans l'eau (18). Le métal surnage (densité 0,07), il tournoie et disparaît peu à peu. En même temps il se produit de l'hydrogène aux dépens de l'eau[1].

Si on fait bouillir l'eau restante, au lieu de la voir disparaître sans laisser de résidu, on voit vers la fin se déposer un corps solide d'un blanc rappelant celui de la porcelaine qu'on appelle de la soude caustique ou encore de l'hydrate de sodium[2].

Le passage d'un courant électrique dans une dissolution aqueuse de chlorure de sodium provoque la décomposition de ce sel en sodium et chlore; mais ici le sodium prend naissance au sein de l'eau; il réagit sur elle comme il vient d'être dit en donnant de la soude et de l'hydrogène. Aussi l'électrolyse d'une solution aqueuse de chlorure de sodium fournit du chlore à l'anode, de l'hydrogène et de la soude à la cathode.

33. Propriétés de la soude caustique. — Elle se trouve dans le commerce sous forme de plaques blanches dures qui exposées à l'air se liquéfient en absorbant l'humidité. Mêlée à l'eau elle s'y dissout en grande quantité; il se dégage alors beaucoup de chaleur.

Sa solution aqueuse bleuit le tournesol rougi par les acides.

Il ne faut pas toucher trop souvent ce corps avec les mains parce qu'il attaque rapidement la peau.

1. L'expérience ne doit être faite qu'avec de très *petits morceaux* de sodium *bien propres*, sinon elle serait dangereuse.

2. Sodium et eau donnent hydrogène et soude

$$Na + HOH = H + NaOH.$$

CHAPITRE IV

CHLORE. — CHLORURES DÉCOLORANTS.

34. Propriétés du chlore. — Le chlore est un gaz jaune verdâtre, doué d'une odeur caractéristique; il est dangereux à respirer; il provoque la toux et peut déterminer des crachements
de sang lorsqu'il a pénétré dans les organes respiratoires en
trop grande quantité. Il est deux fois et demie environ plus
lourd que l'air, dans les mêmes conditions de température et
de pression; sa densité est en effet égale à 2,44.

Le chlore est soluble dans l'eau; à la température de 10°, ce
liquide en dissout environ trois fois son volume. Cette dissolution, fréquemment employée sous le nom d'*eau de chlore*, se prépare en faisant arriver le gaz, au sortir du flacon laveur, dans
une série de flacons bitubulés ou plus simplement au fond d'un
flacon rempli d'eau. Cette dissolution doit être conservée dans
un flacon en verre noir, à l'abri de la lumière, qui l'altère.
Lorsque la température de l'eau dans laquelle on fait arriver le
chlore s'abaisse au-dessous de 10°, on voit se former de petits
cristaux blancs qui constituent une combinaison de chlore et
d'eau, l'*hydrate de chlore*.

L'action du chlore sur l'hydrogène est particulièrement intéressante, tant à cause du produit de la réaction qu'à raison des
circonstances qui l'accompagnent.

Introduisons dans un flacon des volumes égaux de chlore et
d'hydrogène, en ayant soin d'opérer dans l'obscurité ou tout au
plus à la lueur d'une bougie. Après avoir fermé le flacon avec
un bouchon de liège, enveloppons-le d'une étoffe noire, trans-
portons-le en plein air, à l'ombre, enlevons l'étoffe et projetons
à distance sur ce flacon les rayons solaires à l'aide d'un miroir
concave : aussitôt le flacon vole en éclats. La combinaison des
deux gaz s'est effectuée instantanément sous l'influence des
rayons solaires directs; il en est résulté un nouveau gaz, l'acide

chlorhydrique, et ce gaz s'étant trouvé brusquement porté à une température élevée, par suite de la chaleur dégagée dans la réaction, s'est dilaté et a déterminé la rupture du vase.

On déterminerait également la combinaison brusque des deux gaz en projetant sur le flacon la lumière électrique ou la lumière du magnésium.

A la lumière diffuse, la combinaison des deux gaz se ferait lentement, progressivement, sans explosion. Si, de l'ouverture du flacon renfermant le mélange à volumes égaux des deux gaz on approche la flamme d'une bougie, le mélange brûle sans explosion.

Le chlore n'agit pas seulement sur l'hydrogène libre, il tend à détruire les composés d'où l'on peut retirer de l'hydrogène, en formant avec cet hydrogène de l'acide chlorhydrique.

Ainsi, si l'on fait passer un courant de chlore et de la vapeur d'eau dans un tube de porcelaine chauffé au rouge, on recueille sur la cuve à eau de l'oxygène et l'eau de la cuve devient acide; elle renferme de l'acide chlorhydrique.

Le chlore réagit vivement sur le sodium. Un morceau de ce métal allumé à l'air continue à brûler dans le chlore avec un éclat éblouissant. Le chlore attaque d'ailleurs tous les métaux, y compris l'or et le platine qui résistent cependant à la plupart des corps attaquant les autres métaux.

Une feuille d'or placée dans de l'eau de chlore disparaît. En évaporant l'eau on trouve du *chlorure d'or*.

35. Propriétés décolorantes du chlore — Chlorures décolorants. — Le chlore, en réagissant sur un grand nombre de matières colorantes, les détruit et les transforme en produits solubles dans l'eau ou les lessives alcalines (eau de savon par exemple). De là un procédé de blanchiment des tissus d'origine végétale (tissus de lin, de coton) indiqué en 1785 par Berthollet et couramment employé.

Le tissu est traité par le chlore, puis lavé avec soin. On fait ainsi disparaître la couleur fauve des tissus de coton écru; elle est remplacée par un ton blanc beaucoup plus agréable à l'œil.

L'attaque du tissu dans une opération bien conduite est négligeable; il n'en est pas de même si l'action du chlore n'est pas ménagée et si le lavage final est insuffisant. Le chlore est employé également pour blanchir les pâtes à papier.

Le chlore n'est pas très commode à manier; c'est un gaz qu'il faut amener aux endroits voulus par des conduites. Dès qu'on en veut un poids un peu notable, il faut en prendre un volume très considérable (11l,15 ne pèsent que 35gr,5) ce qui est fort embarrassant.

Heureusement le chlore peut être remplacé par certains produits appelés chlorures décolorants qui, sous un petit volume, produisent le même effet qu'une grande quantité de chlore gazeux.

Le plus important au point de vue commercial est celui qu'on obtient en faisant passer un courant de chlore gazeux sur de la chaux éteinte à la température ordinaire. Le chlore est absorbé et on obtient ainsi une poudre blanche qu'on désigne souvent sous le nom de *chlore* et aussi de *chlorure de chaux*[1].

Ce corps, d'une préparation industrielle importante, facile à transporter et dégageant du chlore sous les plus faibles influences peut remplacer le chlore gazeux. Un kilogramme de ce produit n'occupe pas un volume très différent de celui de la chaux qui a servi à le faire et peut décolorer autant que 100 litres de chlore gazeux environ. On l'emploie dissous dans l'eau.

Le chlorure de chaux ne peut, à cause de la présence de la chaux, être utilisé dans certains cas. On le remplace alors par l'eau de Javel que l'on peut fabriquer de la façon suivante :

A une solution de chlorure de chaux on ajoute du carbonate de sodium[2]. Il se produit un trouble, on laisse reposer et on décante le liquide clair, c'est l'eau de Javel.

La solution du chlorure de chaux renferme un corps nommé scientifiquement hypochlorite de calcium; l'eau de Javel renferme de l'hypochlorite de sodium. Ce sont ces hypochlorites qui donnent facilement du chlore.

On peut montrer facilement les propriétés décolorantes du chlore par les expériences suivantes : si l'on colore de l'eau en bleu clair avec une goutte de sulfate d'indigo, et si on ajoute un peu d'eau de chlore, la coloration disparaît instantanément. Une encre à base de fer est détruite par le chlore, mais il reste une coloration jaune, due à la présence des sels de peroxyde de fer. Aussi se sert-on de l'eau de chlore pour enlever les taches d'encre sur les livres : on imbibe la tache d'eau de chlore, puis d'une dissolution très étendue d'acide chlorhydrique qui enlève l'oxyde de fer, et enfin on lave soigneusement pour enlever toute trace de chlore ou d'acide chlorhydrique, qui détruiraient le papier.

1. Ce sont là des noms commerciaux non conformes aux règles habituelles de nomenclature qui seront exposées plus loin.

2. Produit industriel qu'on peut se procurer chez les épiciers sous le nom de cristaux de soude.

ACIDE CHLORHYDRIQUE, HCl.

1 vol. d'hydrogène et 1 vol. de chlore forment 2 vol. d'acide chlorhydrique.

36. Préparation. — Nous avons vu le chlore mis en présence d'hydrogène (34) former un nouveau corps, l'acide chlorhydrique. On obtient le même gaz beaucoup plus facilement de la façon suivante : on introduit dans un ballon en verre du sel marin préalablement fondu et concassé grossièrement et de l'acide sulfu-

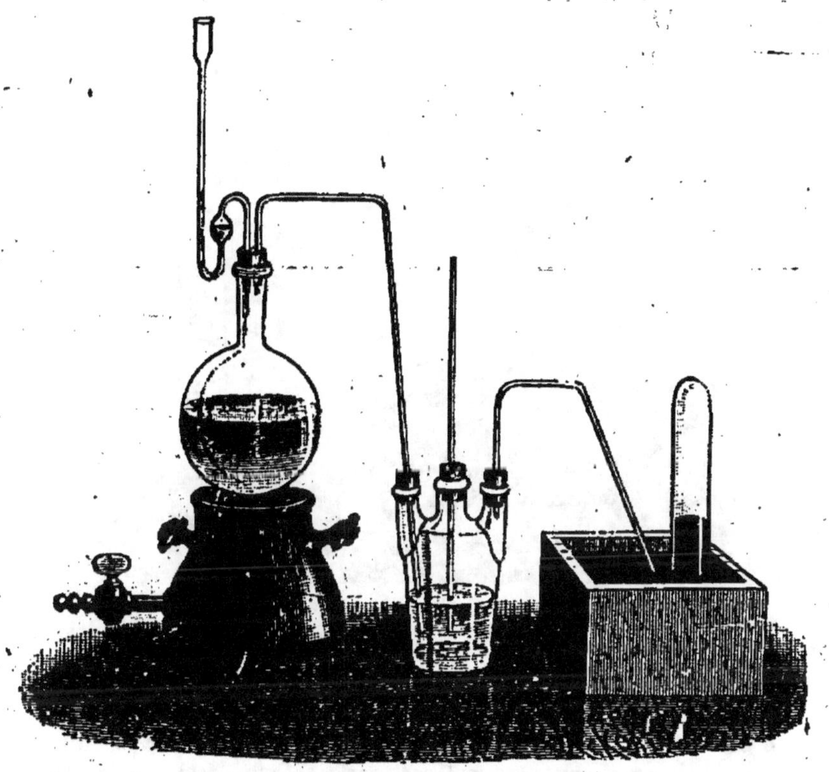

Fig. 31. — Préparation de l'acide chlorhydrique.

rique. Une effervescence se produit immédiatement, et l'on recueille le gaz sur la cuve à mercure (fig. 31). On ne chauffe que pour activer le dégagement gazeux lorsqu'il se ralentit.

Il se forme, dans cette réaction, du sulfate acide de sodium : corps solide qui reste dans le ballon[1].

1. Sel + acide sulfurique donne acide chlorhydrique + sulfate acide.

$$NaCl + SO^4H^2 = HCl + SO^4HNa.$$

Cette réaction est également appliquée dans l'industrie. Elle s'effectue dans des fours à la sortie desquels le gaz chlorhydrique circule dans des touries remplies d'eau, où il se dissout.

37. Propriétés physiques. — L'acide chlorhydique est un gaz incolore, d'une odeur piquante et d'une saveur très acide; sa densité est 1,25.

Il est très soluble dans l'eau, qui à 0° en dissout 500 fois son volume. On met en évidence cette grande solubilité par les expériences suivantes :

Une éprouvette remplie de gaz chlorhydrique, reposant dans

Fig. 32. — Rupture d'une éprouvette pleine d'acide chlorhydrique (ou de gaz ammoniac) sous l'action de l'eau.

une soucoupe contenant encore du mercure, disposée elle-même au fond d'une terrine remplie d'eau, est soulevée brusquement. L'eau dissout le gaz instantanément, s'élève dans l'éprouvette et vient en choquer la paroi supérieure. L'éprouvette peut être brisée si le gaz est débarrassé de toute trace d'air (fig. 32).

On peut encore (fig. 33) remplir un flacon de gaz chlorhydrique et le retourner au-dessus d'un vase plein d'eau après l'avoir fermé avec un bouchon portant un tube effilé à ses deux extrémités; la pointe extérieure a été fermée à la lampe. Cette pointe plongeant dans l'eau, on la brise et le liquide se précipite dans le flacon en formant un jet qui s'élève jusqu'à la partie supérieure. Si l'eau a été colorée par la teinture bleue de tournesol, celle-ci rougit. Quant à la dissolution, on l'obtient en faisant passer le gaz dans

un appareil de Woolf (fig. 34) : c'est d'ailleurs un produit que
l'industrie livre au commerce à très bas prix. La dissolution est
accompagnée d'un dégagement de chaleur de 16cal,5.

L'acide chlorhydrique bout à — 85° et fond à — 112°,5.

L'acide chlorhydrique ainsi que ses solutions concentrées
émettent à l'air des fumées abondantes; si l'air a été privé de la

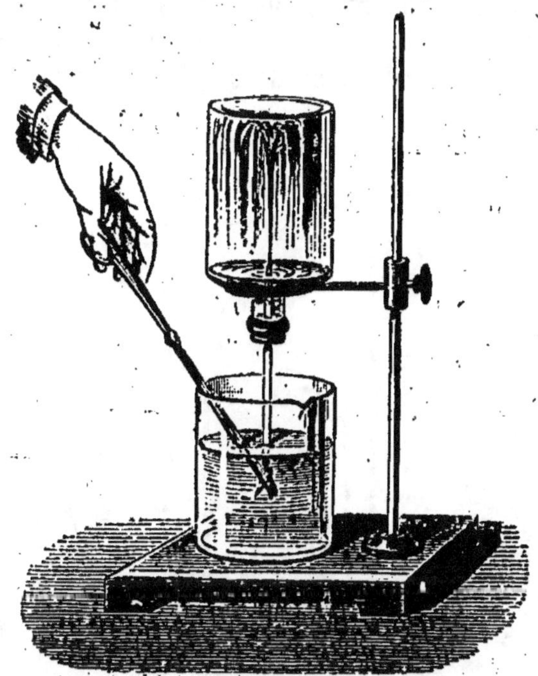

Fig. 33. — Expérience sur la solubilité de l'acide chlorhydrique
(ou de l'ammoniaque) dans l'eau.

vapeur d'eau qu'il contient l'acide chlorhydrique à son contact
n'émet plus de fumée.

58. Propriétés chimiques. — Le gaz chlorhydrique n'est pas
combustible; il éteint les corps en ignition.

C'est un acide très énergique; il communique à la teinture de
tournesol une coloration rouge *pelure d'oignon*.

A l'état gazeux, et à une température qui dépend de la nature
du métal, il attaque tous les métaux autre que l'or ou le platine,
en donnant un dégagement d'hydrogène. L'action de la dissolution est moins énergique : elle n'agit pas sur le cuivre, le mercure,
mais elle attaque immédiatement le fer et le zinc,et il se dégage
de l'hydrogène.

Nous savons que l'acide chlorhydrique résulte de l'union du
chlore et de l'hydrogène (34); dans l'attaque des métaux, tout
l'hydrogène avec lequel on aurait pu faire l'acide chlorhydrique

employé se dégage et peut être recueilli. En même temps le métal disparaît, on ne retrouve ni métal ni chlore, mais un produit nouveau qui naturellement doit résulter de l'union du métal avec tout le chlore.

Nous avons une vérification de cette manière de voir : le sodium chauffé dans un courant d'acide chlorhydrique gazeux fournit de l'hydrogène et du chlorure de sodium. Or, nous savons que du chlorure de sodium on peut retirer du chlore et du sodium (31).

De même le zinc placé dans une solution d'acide chlorhydrique

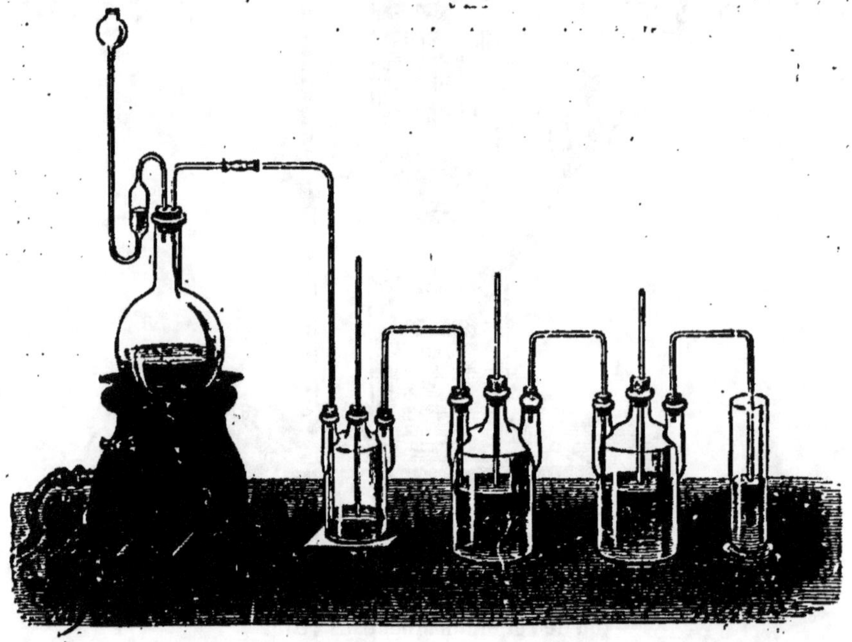

Fig. 31. — Appareil de Woolf pour la dissolution d'un gaz dans un liquide.

disparaît, il se dégage de l'hydrogène; par évaporation de l'eau on obtient un corps solide blanc, qu'on appelle le chlorure de zinc [1], et dont on peut, par électrolyse, retirer du chlore et du zinc.

Nous pouvons dire que le chlorure de sodium c'est de l'acide chlorhydrique dont l'hydrogène a été remplacé par du sodium; que le chlorure de zinc c'est de l'acide chlorhydrique dont l'hydrogène a été remplacé par du zinc et ainsi de suite, puisque l'acide chlorhydrique attaque de la même manière presque tous les

---

1. Sodium + acide chlorhydrique donnent sel + hydrogène.

$$Na + HCl = NaCl + H.$$

Zinc + acide chlorhydrique donnent chlorure de zinc + hydrogène.

$$Zn + 2HCl = ZnCl^2 + 2H.$$

métaux. On voit donc que l'acide chlorhydrique est un corps d'où on peut retirer de l'hydrogène et que de plus cet hydrogène peut y être remplacé par des métaux.

Les chimistes sont convenus d'appeler du même nom, *acides*, tous les corps présentant ces deux propriétés, c'est-à-dire d'où l'on peut retirer de l'hydrogène, et dans lesquels cet hydrogène peut être remplacé par des métaux.

Les produits obtenus après ce remplacement prennent le nom de l'un d'eux, le chlorure de sodium ; ils s'appellent des *sels* (voy. 60).

Tous les sels de l'acide chlorhydrique s'appelleront des *chlorures* : chlorures de zinc, de fer, etc. La réciproque n'est pas vraie, c'est-à-dire que tous les corps appelés des chlorures ne sont pas nécessairement des sels de l'acide chlorhydrique.

Sels de l'acide chlorhydrique. — Les sels de l'acide chlorhydrique sont généralement solubles dans l'eau ; le chlorure d'argent et un chlorure de mercure, le calomel, ne s'y dissolvent pas. Le chlorure de plomb est très peu soluble dans l'eau froide.

Lorsqu'on a une dissolution aqueuse renfermant de l'acide chlorhydrique (ou un de ses sels) et qu'on y ajoute une solution limpide d'azotate d'argent, on voit apparaître un corps solide, blanc, sous une forme qui rappelle le lait caillé, c'est le chlorure d'argent. On utilise ce fait pour reconnaître la présence d'acide chlorhydrique (ou d'un de ses sels) dans l'eau : si l'addition d'azotate d'argent dissous ne provoque pas de trouble c'est qu'il n'y a pas d'acide chlorhydrique ; s'il se produit un trouble blanc, on ne peut pas affirmer la présence d'acide chlorhydrique, parce qu'avec d'autres corps il pourrait dans les mêmes conditions se faire un produit blanc insoluble ; d'autres essais seront nécessaires pour trancher la question.

39. Applications. — L'acide chlorhydrique sert à préparer le chlore et les chlorures décolorants ; sous le nom d'*esprit de sel*, il est employé à décaper les métaux.

40. Préparations du chlore à l'aide de l'acide chlorhydrique. — L'acide chlorhydrique est formé par l'union du chlore avec l'hydrogène. En le mettant en présence d'oxygène ou de corps cédant facilement de l'oxygène (corps appelés oxydants) on arrive à détruire cette union, l'hydrogène se séparant du chlore s'unit à l'oxygène pour donner de l'eau. Le chlore provenant de l'acide décomposé se dégage totalement, à moins qu'une partie ne soit absorbée par le corps oxydant ou que la réaction soit limitée.

1° Dans l'industrie on fait passer de l'air et de l'acide chlorhydrique dans des appareils chauffés au rouge vif. Une grande partie de l'acide est décomposée en donnant du chlore, mais il reste de l'acide inaltéré.

On arrive à des résultats meilleurs en opérant peu au-dessus de 500° mais en présence de chlorure de cuivre. C'est le procédé Deacon [1].

2° Dans les laboratoires on chauffe le chlore avec certains oxydants. On introduit par exemple dans un ballon (fig. 35), du bioxyde de manganèse en morceaux et de l'acide chlorhy-

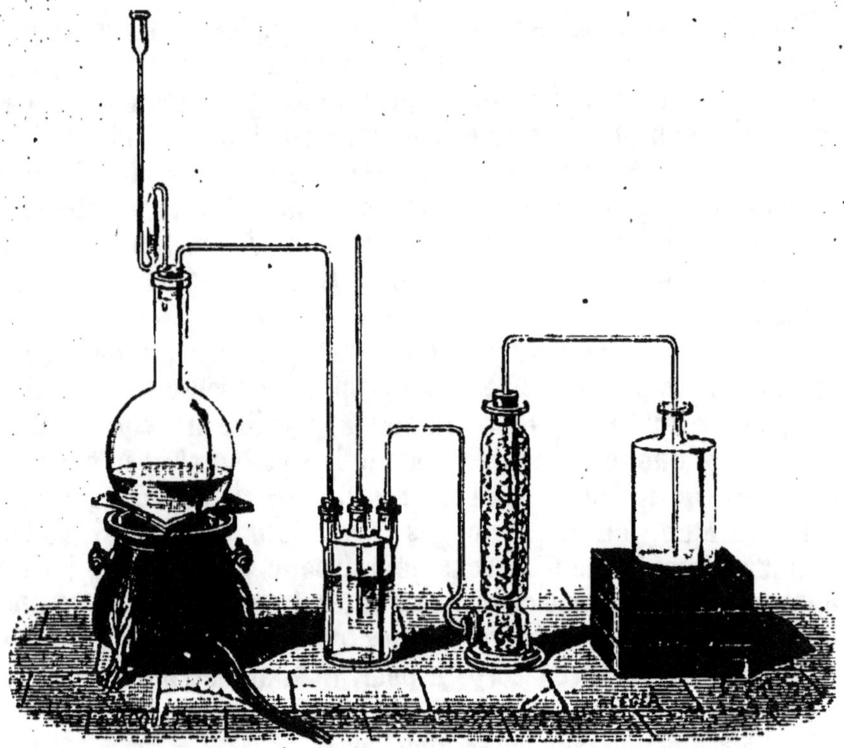

Fig. 35. — Préparation du chlore dans les laboratoires.

drique; le bouchon porte un tube en S et un tube recourbé à angle droit plongeant dans un flacon laveur renfermant un peu d'eau.

Le gaz se dégage lentement à froid si l'acide chlorhydrique est concentré, un peu plus rapidement si l'on chauffe, et il reste dans le ballon une dissolution de chlorure de manganèse. L'hydrogène de l'acide chlorhydrique s'est uni à l'oxygène du bioxyde :

1. Acide chlorhydrique + oxygène donnent eau + chlore.

$$2HCl + O = H^2O + 2Cl. \; Réaction \; limitée.$$

une moitié du chlore s'est combinée au manganèse, l'autre partie est mise en liberté[1].

On ne peut recueillir le chlore sur l'eau où il se dissout, ni sur le mercure, qu'il attaque à la température ordinaire; si l'on tient à avoir du gaz sec, on le fait passer, au sortir du flacon laveur, dans une éprouvette renfermant une matière desséchante (chlorure de calcium ou pierre ponce imbibée d'acide sulfurique) et l'on fait descendre le tube de dégagement au fond d'un flacon sec. Le gaz chloré, beaucoup plus lourd que l'air, s'accumule au fond du flacon et peu à peu déplace l'air. Lorsque l'atmosphère du flacon a pris une teinte verte uniforme, le flacon est rempli.

---

1. Bioxyde de manganèse + acide chlorhydrique donnent eau + chlorure de manganèse + chlore.

$$MnO^2 + 4HCl = 2H^2O + MnCl^2 + 2Cl.$$

le bioxyde de manganèse est un corps solide, noir, que l'on trouve dans le sol en certains endroits.

CHAPITRE V

AMMONIAQUE. — SEL AMMONIAC.

AMMONIAQUE, AzH^3.

41. Origine de l'ammoniaque. — L'ammoniaque est un corps gazeux d'une odeur vive, piquant les yeux et provoquant les larmes. Ce corps se forme lors de la décomposition de certaines matières d'origine animale ou végétale produite soit par suite du travail d'êtres microscopiques (putréfaction), soit par l'action de la chaleur. C'est ainsi que d'une part les urines putréfiées, le fumier en fermentation laissent dégager de l'ammoniaque et que d'autre part la houille chauffée vers le rouge se décompose donnant naissance à de nombreux produits, parmi lesquels des eaux ammoniacales.

Ces produits sont le coke qui reste dans les cornues où la houille a été chauffée, puis des corps volatils au rouge qui sortent des cornues mais dont les uns deviennent liquides, les autres restent gazeux après refroidissement. Ce sont ces gaz qui, après quelques purifications, sont employés pour l'éclairage.

Les produits liquides se séparent en deux couches superposées : l'une constitue le *goudron de houille*, l'autre forme ce qu'on appelle les *eaux ammoniacales*. En laissant les gaz quelque temps au contact de l'eau on obtient une nouvelle quantité d'eaux ammoniacales.

En chauffant avec de la chaux les urines putréfiées ou les eaux ammoniacales, on obtient le gaz ammoniac.

42. Propriétés physiques. — Gaz incolore, d'une odeur vive, qui pique les yeux et provoque les larmes. Sa densité est 0,590.

L'eau en dissout :

$$
\begin{aligned}
&\text{A } 0^\circ \dots\dots\dots\dots\dots\dots\dots \quad 1019 \text{ fois son volume.}\\
&16^\circ \dots\dots\dots\dots\dots\dots\dots \quad 613
\end{aligned}
$$

On manifeste cette grande solubilité de l'ammonique par les expériences suivantes :

On remplit d'ammoniaque très pure une éprouvette sur la cuve à mercure et on la place sur une soucoupe renfermant une petite quantité de mercure. On transporte cette éprouvette et la soucoupe au fond d'une terrine dans laquelle on verse de l'eau, puis, saisissant l'éprouvette avec un linge épais, on la soulève brusquement (fig. 52). L'eau arrive au contact du gaz, le dissout instantanément et vient frapper le sommet de l'éprouvette avec autant de violence que si l'éprouvette était vide; l'éprouvette est le plus souvent brisée. Cette expérience ne réussit que si l'on a pris soin de laisser le gaz, en se dégageant pendant quelque temps, balayer l'air de l'appareil producteur. Une bulle d'air qui resterait dans l'éprouvette, lorsque l'ammoniaque se dissout dans l'eau, suffirait pour amortir le choc.

On peut aussi remplir d'ammoniaque un flacon que l'on ferme ensuite avec un bouchon traversé par un tube effilé à ses deux extrémités; la pointe extérieure est fermée à la lampe (fig. 53). On introduit celle-ci dans un vase rempli d'eau, et on la brise avec une pince. Le liquide jaillit immédiatement à l'intérieur du vase, comme si l'on y avait fait le vide.

On prépare la dissolution ammoniacale dans un appareil de Woolf (fig. 34). On ne met qu'une petite quantité d'eau dans le premier flacon, qui est destiné à arrêter le chlorhydrate d'ammoniaque entraîné par le courant gazeux. On ne met également qu'une petite quantité d'eau dans les flacons suivants, car le volume du liquide augmente; si l'on veut préparer une solution concentrée, il faut refroidir les flacons, car l'eau s'échauffe en dissolvant le gaz.

Lorsqu'on chauffe la dissolution ammoniacale, le gaz se dégage; il se dégage également lorsqu'on fait le vide au-dessus d'une dissolution saturée à la température ordinaire.

À la température ordinaire, 15°, le gaz ammoniac comprimé sous une pression peu supérieure à 7 atmosphères se liquéfie. On trouve dans le commerce l'ammoniaque liquéfiée. Sous cette forme elle bout à 33°,7 au-dessous de zéro sous la pression de 1 atmosphère.

43. Action de la chaleur et de l'électricité. — Lorsqu'on fait passer un courant de gaz ammoniac dans un tube en porcelaine renfermant des fragments de porcelaine et chauffé au rouge vif, on recueille sur la cuve à eau un mélange d'hydrogène et d'azote.

L'étincelle électrique produit plus facilement le même résultat. Qu'on introduise en effet du gaz ammoniac dans un eudiomètre à mercure et qu'on fasse éclater des étincelles électriques, on voit peu à peu le volume du gaz augmenter et, au bout d'un certain temps, on observe que le volume a sensiblement doublé. A ce moment l'éprouvette renferme un mélange d'hydrogène et d'azote. Il reste cependant une petite quantité d'ammoniaque non décomposée. Cette action exercée par les étincelles électriques sur le gaz ammoniac établit sa composition. C'est une combinaison d'azote et d'hydrogène.

44. Action de l'oxygène. — L'oxygène est sans action sur le gaz ammoniac à la température ordinaire. Mais si l'on fait éclater une étincelle électrique dans un mélange de 4 volumes d'ammoniaque et de 3 volumes d'oxygène, il se produit une détonation; l'hydrogène que donne la décomposition de l'ammoniaque s'unit avec l'oxygène et fournit de l'eau qui se condense, l'azote est mis en liberté[1].

On ne réussit pas à enflammer le gaz ammoniac s'écoulant dans l'air par un tube effilé; mais si l'on plonge ce tube effilé dans un flacon renfermant de l'oxygène, le gaz s'enflamme au contact d'un corps incandescent et continue à brûler avec une flamme jaunâtre; il se forme, comme dans la réaction citée plus haut, de l'azote et de l'eau et aussi de petites quantités d'azotite d'ammonium.

45. Propriétés de la solution ammoniacale. — La dissolution de l'ammoniaque dans l'eau est connue sous le nom d'*ammoniaque* : on la désigne encore quelquefois sous le nom d'*alcali volatil*. Cette dissolution jouit en effet des propriétés des solutions des corps appelés des alcalis, c'est-à-dire de potasse ou de soude, elle ramène au bleu la teinture de tournesol rougie par un acide.

Applications. — Les propriétés alcalines de la solution ammoniacale sont utilisées dans les laboratoires et l'industrie; l'ammoniaque sert à cautériser les piqûres faites par les insectes.

Une application importante est celle qu'en a faite M. Carré à la fabrication de la glace.

Le principe de l'appareil est le suivant : si on oblige des quantités croissantes de gaz ammoniac à s'accumuler dans un espace relativement restreint et maintenu à température peu élevée, il arrivera un moment où la pression dans ce récipient sera telle que le gaz s'y liquéfiera. Si on fait le vide au-dessus du liquide ainsi obtenu il s'évaporera et sa volatilisation sera accompagnée d'un abaissement de température considérable.

1. Ammoniaque + oxygène = azote + eau.

$$2\text{AzH}^3 + 3\text{O} = 2\text{Az} + 3\text{H}^2\text{O}.$$

Une chaudière en fer (fig. 36-37) est remplie aux trois quarts d'une dissolution ammoniacale. Lorsqu'on chauffe le liquide, le

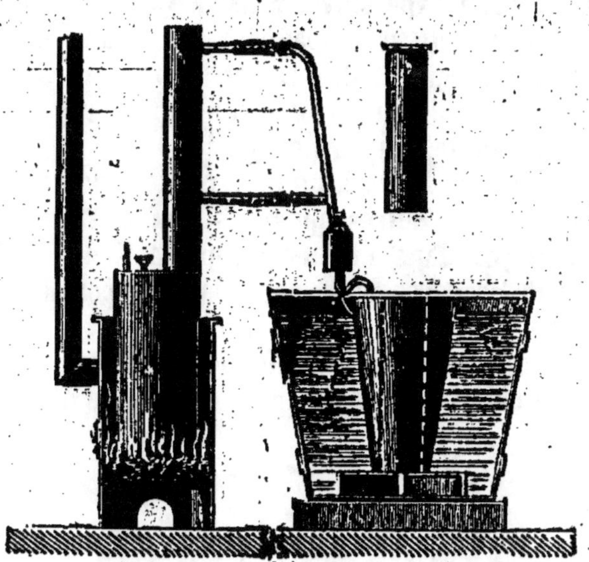

Fig. 36. — Appareil Carré à ammoniaque pour fabriquer de la glace.

gaz se dégage, soulève une soupape a et, par un tube recourbé, vient s'accumuler dans un vase annulaire refroidi extérieurement par de l'eau. Lorsqu'un thermomètre t marque 130°, le dégagement du gaz est terminé, la pression dans le vase annulaire est alors telle que l'ammoniaque s'y liquéfie. A ce moment il y a dans l'appareil : de l'ammoniaque liquéfiée (dans le vase annulaire), une solution faible et chaude d'ammoniaque (dans la chaudière) et du gaz ammoniac comprimé (dans l'espace compris entre les deux liquides) ; on enlève alors la chaudière du foyer et on la plonge dans une grande cuve remplie d'eau ; l'eau contenue dans la chaudière se refroidit, et par suite reprend le pouvoir de dissoudre de grandes quantités de gaz ammoniac. Elle absorbe celui qui la sépare de l'ammoniaque li-

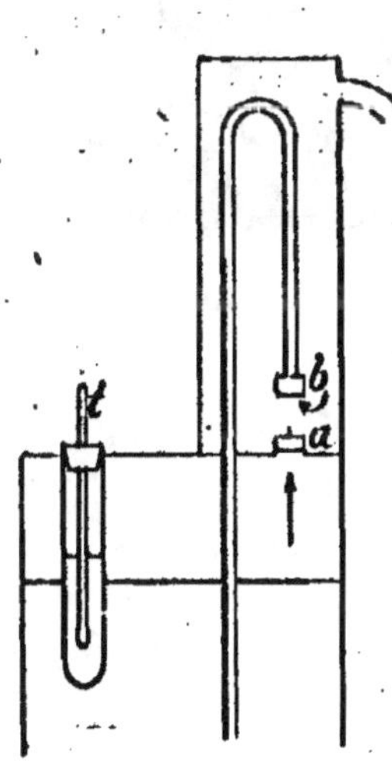

Fig. 37.

quéfiée, ce qui produit un vide au-dessus de cette dernière, laquelle se volatilise peu à peu, en absorbant de la chaleur qu'elle emprunte aux parois du récipient ; le gaz produit dans cette volatilisation soulève la soupape *b* et vient se dissoudre à nouveau dans le liquide. La solution se reproduit donc et est prête pour une nouvelle expérience. Mais la volatilisation de l'ammoniaque liquéfiée a été accompagnée, avons-nous dit, d'un abaissement de température. Et en effet, si l'on introduit au centre du récipient annulaire un vase cylindrique en fer-blanc renfermant de l'eau, cette eau sera congelée.

Cet appareil ne fournit qu'une petite quantité de glace à chaque opération. D'autres appareils, fondés sur le même principe et employés dans l'industrie, permettent de refroidir un *liquide*, ou de préparer de la glace, par l'évaporation *continue* de l'ammoniaque, à mesure qu'elle se condense.

46. Sel ammoniac. — Si l'on met en présence du gaz ammoniac et de l'acide chlorhydrique, on voit apparaître d'épaisses fumées

Fig. 58. — Préparation du gaz ammoniac par la chaux
et le chlorure d'ammonium.

blanches. Les deux corps disparaissent, mais à leur place il se fait un corps solide en poussière fine qu'on appelle le sel ammoniac (scientifiquement chlorure d'ammonium, commercialement sel ammoniac, chlorhydrate d'ammoniaque). Si les deux corps ont été pris en solutions suffisamment concentrées, les fumées apparaissent dès que les solutions se rapprochent sans qu'il soit nécessaire de les mettre en contact. C'est que les deux gaz s'échappant de leurs solutions se rencontrent dans l'air.

Lorsqu'on mélange les deux solutions, il se produit un grand dégagement de chaleur et, quand le tout s'est refroidi, on voit se déposer au sein du liquide du sel ammoniac peu soluble dans l'eau; le gaz ammoniac s'unit de même à tous les acides en donnant des corps solides qu'on appelle des sels ammoniacaux. Ils ressemblent beaucoup aux sels de potassium c'est-à-dire aux corps provenant du remplacement de l'hydrogène d'un acide par du potassium (38).

Ce sel ammoniac se fait industriellement en recueillant dans l'acide chlorhydrique le gaz ammoniac obtenu comme il a été dit ci-dessus (41).

Si on le mélange avec de la chaux et qu'on chauffe, on recueille de l'ammoniaque. C'est un moyen de se procurer le gaz ammoniac employé dans les laboratoires :

On introduit dans un ballon (fig. 38) un mélange intime de chlorhydrate d'ammoniaque et de chaux vive et on achève de le remplir avec des fragments de chaux vive. Le dégagement de gaz commence à froid, mais on l'active en chauffant légèrement. On recueille le gaz sur la cuve à mercure.

L'excès de chaux vive employée retient l'eau formée; cependant, si l'on voulait un gaz parfaitement sec, on le ferait passer, au sortir du ballon, dans une éprouvette à pied renfermant de la chaux vive, ou mieux un mélange intime de soude caustique et de chaux, connu sous le nom de *chaux sodée*.

On peut plus simplement mettre dans le ballon de la solution aqueuse d'ammoniaque et chauffer un peu.

CHAPITRE VI

ANALYSE IMMÉDIATE.

Les matières qui s'offrent à l'examen du chimiste proviennent de deux sources : les unes sont des produits naturels, telles que des portions de roches, des débris de végétaux, etc. ; les autres sont le résultat d'opérations effectuées dans le laboratoire. Dans les deux cas, elles présentent habituellement une telle complexité qu'il serait extrèmement difficile de les caractériser nettement. À supposer qu'on y arrive, les résultats obtenus manqueraient de généralité, car ils ne s'appliqueraient pas à un autre morceau de la même roche ou au produit d'une nouvelle opération conduite cependant à peu de chose près comme la première.

Un exemple bien simple de ce que nous venons de dire est fourni par l'eau. Quand on parle de l'eau chacun sait de quoi il s'agit, il semble qu'il y ait là quelque chose de parfaitement défini. Et cependant un examen attentif nous apprend que les eaux fournies par la nature présentent entre elles des différences notables. Nous l'avons déjà fait remarquer au début de ce livre (14). Nous avons vu à ce moment comment, par distillation, le chimiste parvenait à extraire des différentes eaux naturelles un produit beaucoup mieux défini, toujours identique à lui-même, et qu'il a appelé l'eau pure. Il ne s'est point interdit l'étude des eaux naturelles, mais il a commencé par l'étude de l'eau pure, ce qui facilitera considérablement l'étude de *toutes* les autres.

Les autres eaux peuvent en effet être considérées comme des mélanges d'eau pure avec d'autres substances: la présence de ces dernières fait que le tout n'a pas les propriétés de l'eau pure, mais cependant les modifications ainsi produites ne sont pas telles que les propriétés de l'eau pure aient complètement disparu; on peut en dire autant des propriétés des autres corps également présents.

L'exemple précédent nous montre comment les chimistes s'y prennent pour simplifier leur travail. Ils soumettent les produits qu'ils veulent étudier à une série d'opérations destinées à les scinder en plusieurs autres qui seront examinés séparément, quitte à voir ensuite ce qui se passe quand on les réunit de nouveau. C'est ainsi que Lavoisier a séparé l'air en deux portions, l'oxygène et l'azote atmosphérique, et qu'il a ensuite reconnu que la réunion de ces deux parties reproduisait l'air avec toutes ses propriétés.

47. Corps simples. — Mélanges. — Combinaisons. — Il arrive que, quels que soient les moyens mis en œuvre, on n'obtienne aucune séparation fournissant deux espèces de matière différentes. On dit alors qu'on se trouve en présence d'un *corps simple*.

Ainsi l'hydrogène, l'oxygène, l'azote, le chlore, le sodium sont des corps simples, c'est-à-dire que jamais jusqu'ici on n'a pu, d'un de ces corps, retirer autre chose que lui-même. On trouvera (54) la liste des corps simples actuellement connus.

Quant aux corps qui peuvent être scindés en plusieurs autres, les chimistes en font deux grandes catégories. Ils appellent les uns des *mélanges*, les autres des *combinaisons* nommées aussi *corps composés*[1]. C'est d'après la façon dont il a pu obtenir la séparation, que le chimiste classe la substance qu'il étudie parmi les mélanges ou parmi les combinaisons.

Nous allons indiquer les règles suivies à cet égard en énumérant les principaux moyens capables d'amener des séparations.

48. Séparation ou analyse des mélanges non homogènes. — Des séparations s'indiquent d'elles-mêmes quand l'objet à étudier est visiblement formé de corps juxtaposés, en sorte qu'on peut isoler un espace assez petit pour que, dans cet espace, il n'y ait qu'un seul des corps en question. On dit alors qu'on se trouve en présence d'un *mélange* non homogène.

Voici comment on pourra séparer les divers corps constituant un tel mélange. Pour plus de simplicité nous supposerons qu'il n'y a que deux corps à séparer :

1° On a affaire à deux solides. On les triera à la main, ou bien on les jettera dans un liquide ayant une densité telle que l'un des corps surnage tandis que l'autre tombe au fond ; ou bien on fera agir sur le mélange un courant d'air ou d'eau qui entraînera plus facilement un des corps que l'autre. On pourra aussi avoir recours à la dissolution fractionnée (voy. 40).

1. On n'oubliera pas que les mots mélanges et corps composés ne sont pas synonymes.

2° Les deux corps sont liquides. Ils se superposent par ordre de densité. On les introduit dans un entonnoir muni d'un robinet; quand ils sont bien séparés par le repos, on ouvre le robinet; on ferme ce dernier quand le liquide le plus dense s'est écoulé. On peut aussi se servir d'un siphon, ou même *décanter* à la main le liquide supérieur.

3° Un des corps est solide, l'autre liquide; si les deux corps sont bien séparés par ordre de densité, on peut encore user de

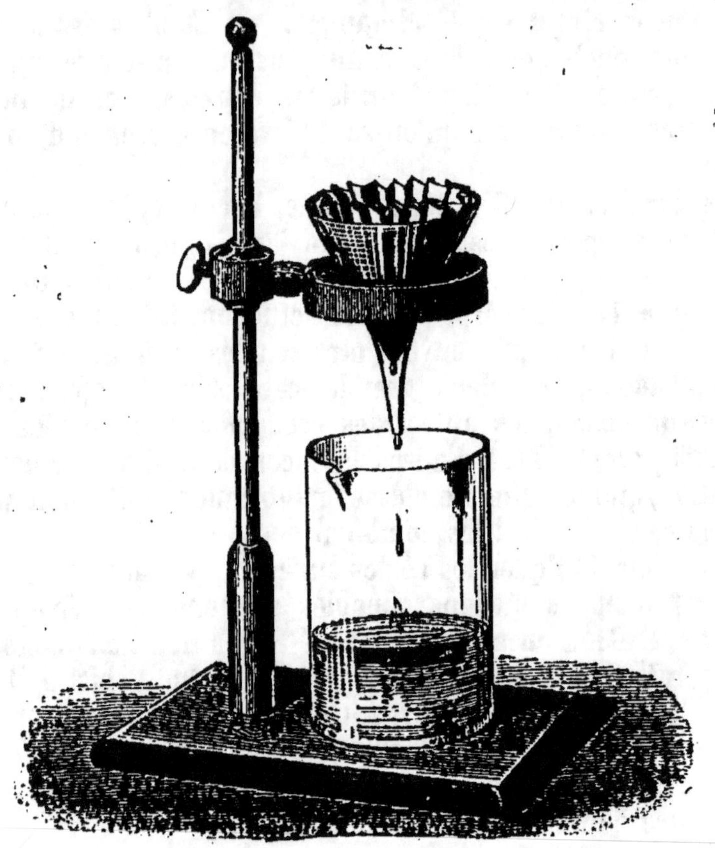

Fig. 39. — Filtration.

l'entonnoir à robinet ou du siphon. On peut aussi, et on le fera dans le cas d'un liquide trouble, jeter le mélange sur un filtre.

Les chimistes emploient fréquemment pour leurs filtrations un papier dit à filtrer, plié convenablement et placé dans un entonnoir de verre.

La figure 39 représente une filtration au papier.

Pour sécher le solide, qui peut rester imprégné de liquide, ou, comme on dit, pour l'*essorer*, on le place sur du papier buvard, sur une plaque de porcelaine poreuse, sur de l'argile. Un excellent moyen est le suivant : le corps est placé dans un filet à mailles suffisamment fines ; on fait tourner ce filet avec une grande vitesse. En vertu de la force centrifuge le tout tend à s'échapper du filet, mais le liquide seul peut se diviser en parcelles assez fines pour traverser les mailles.

49. Séparation ou analyse des mélanges homogènes. — Lorsqu'une substance homogène peut être séparée en plusieurs autres par l'un des moyens énumérés ci-dessous [1], on la range dans les mélanges.

Distillation fractionnée. — En soumettant une eau naturelle, par exemple de l'eau de mer, à la distillation, nous nous sommes aperçus que le liquide recueilli au commencement de l'opération différait notablement du liquide resté dans l'alambic : ce dernier avait un goût plus salé que l'eau de mer, tandis que le liquide distillé n'était pas salé du tout. Par une distillation qui n'a pas été poussée jusqu'au bout, nous avons d'une même substance, l'eau de mer, fait deux portions, deux fractions présentant des propriétés différentes.

Plaçons de même du vin dans un alambic, nous obtiendrons, au début de la distillation, un liquide léger, incolore, combustible, d'une saveur brûlante, l'eau-de-vie, tout à fait différent de ce qui restera dans la chaudière à ce moment. On a, d'une même substance, le vin, retiré deux liquides par une distillation fractionnée.

L'air que nous respirons peut, par un refroidissement très considérable, être amené à l'état liquide. Ce liquide commence à distiller vers 102° au-dessous de zéro ; les produits fournis par sa distillation restent gazeux à la température ordinaire. Si on recueille du gaz au commencement de la distillation, on voit qu'une allumette enflammée s'y éteint, en effet c'est de l'azote ; dans le gaz recueilli à la fin, l'allumette se rallume, c'est de l'oxygène presque pur [2].

Ce procédé de séparation est d'une application extrèmement fréquente, aussi bien dans les laboratoires que dans l'industrie. Lorsqu'il réussit on dit que la substance qui a servi de point-de-départ était un *mélange* des produits ainsi séparés, à la condition toutefois qu'en remettant dans un seul récipient ces mêmes produits on retrouve la substance primitive. L'air, l'eau de mer, le vin sont donc des mélanges.

1. Ces procédés sont également applicables aux mélanges non homogènes.
2. On a proposé de préparer ainsi l'oxygène.

Chacun des produits isolés peut à son tour être soumis à une distillation fractionnée, mais, en continuant de la sorte, on arrivera à des fractions dont, par distillation, on ne pourra retirer autre chose qu'elles-mêmes. On les soumettra à d'autres essais, par exemple à la

Congélation fractionnée. — Au lieu de faire bouillir la substance, on peut l'amener à être en partie solide et en partie liquide. Si elle était primitivement solide, on la chauffera; on la refroidira dans le cas contraire. On séparera le solide du liquide et on comparera ces deux fractions. Si elles ne sont pas identiques, on dira encore que la substance était un *mélange* des produits ainsi séparés, mais on devra ici aussi s'assurer que la réunion des deux fractions reproduit le corps primitif.

Refroidissons de l'eau de mer de façon à en solidifier une petite quantité, séparons la portion solide de la portion liquide, cette dernière sera plus salée que l'eau de mer, la portion solide par fusion nous donnera de l'eau pure. L'eau de mer est donc un mélange.

Ici encore l'opération sera répétée sur les fractions déjà séparées jusqu'à ce qu'on s'aperçoive que c'est inutile, la congélation fractionnée n'amenant plus de séparation [1]. On aura alors recours à d'autres essais, par exemple à la dissolution fractionnée.

La congélation fractionnée est un très bon moyen de séparation, malheureusement elle n'est pas économique lorsqu'on a affaire à un liquide ne se congelant qu'à des températures très basses.

Dissolution fractionnée. — Mettons une substance en présence d'un dissolvant en quantité trop faible pour tout dissoudre, séparons la dissolution de la partie non dissoute, chassons le dissolvant par évaporation ou ébullition et comparons les deux portions retirées ainsi de la substance primitive. Si elles ne sont pas identiques, et si leur réunion reproduit la substance primitive, on dira que cette dernière était un *mélange* de ces deux portions. Si la substance est déjà totalement dissoute, on comparera les dépôts qu'amènera une évaporation graduelle.

Ainsi nous savons que l'eau de mer est un mélange d'eau pure avec une matière solide restant après l'évaporation de l'eau. Cette matière solide est elle-même un mélange; en effet, redissolvons-la dans l'eau ou plus simplement prenons la dissolution

---

1. C'est ainsi que de l'eau pure, par distillation fractionnée ou par congélation fractionnée, on ne peut retirer autre chose que de l'eau.

toute faite, l'eau de mer; faisons évaporer cette eau comme nous l'avons indiqué (29) nous obtiendrons trois sortes de dépôts bien différents les uns des autres. L'un de ces dépôts bien égoutté est le sel de cuisine. L'eau de mer est donc un mélange d'eau pure, de sel de cuisine et d'autres substances encore.

Agitons à l'air de l'eau pure récemment bouillie : une portion de l'air se dissout; de cette portion on peut retirer environ 33 pour 100 d'oxygène (6), tandis que de l'air on ne peut retirer que 21 pour 100 d'oxygène. L'air est donc un mélange. *En résumé : lorsqu'on aura pu par distillation, par congélation ou par dissolution fractionnées séparer une substance en deux (ou plusieurs) portions douées de propriétés différentes et dont la réunion reproduira le corps primitif, on dira que ce dernier était un mélange.*

Il peut arriver qu'un de ces procédés échoue là où les autres réussissent, mais le cas est relativement rare. Il y a d'autres procédés permettant de séparer des corps mélangés, on les indiquera lorsqu'ils se rencontreront. Ils sont d'ailleurs moins généraux.

CHAPITRE VII

ANALYSE DES COMBINAISONS.

50. Analyse des combinaisons. — En partant de l'eau pure
on ne peut, ni par distillation, ni par congélation, ni par dissolution fractionnées, retirer autre chose que de l'eau. Nous disons
alors que ce n'est pas un mélange ; mais ce n'est pas un corps
simple non plus, car on en peut retirer à l'aide du courant électrique deux substances bien différentes : l'oxygène et l'hydrogène
(17). Nous dirons que l'eau est une *combinaison* d'oxygène et
d'hydrogène.

La distinction que nous faisons ici entre le mélange et la combinaison est très naturelle. En décomposant l'eau par un courant
électrique nous avons obtenu séparément l'oxygène et l'hydrogène. Si ce dernier occupait 2 litres, le premier occupait 1 litre.
Réunissons ces deux gaz dans le même récipient à la température ordinaire, *nous ne reproduirons pas l'eau*. Ce que nous
obtiendrons ainsi sera un mélange, car on pourra appliquer avec
succès (bien que ce soit pénible dans le cas actuel) la distillation
fractionnée et les méthodes analogues.

Voici d'ailleurs un tableau comparatif de quelques propriétés
de l'hydrogène, de l'oxygène, du mélange de 2 litres du premier
avec 1 litre du second et de la combinaison des mêmes quantités,
c'est-à-dire de l'eau :

PROPRIÉTÉS	HYDROGÈNE	OXYGÈNE	MÉLANGE	COMBINAISON
Liquide sous la pression de 1 atm, aux températures inférieures à	— 252°	— 181°	Ne commence à être liquide que vers — 180° et ne l'est totalement que vers — 230°.	+ 100°
— Par distillation fractionnée fournit	Uniquement de l'hydrogène.	Uniquement de l'oxygène.	D'abord presque uniquement de l'hydrogène, ensuite presque uniquement de l'oxygène.	Uniquement de l'eau.
— Par filtration fractionnée à travers un vase poreux.	Passe vite et donne uniquement de l'hydrogène.	Passe quatre fois moins vite et donne uniquement de l'oxygène.	Donne au début surtout de l'hydrogène, à la fin surtout de l'oxygène.	Donne uniquement de l'eau.
— En présence d'une allumette enflammée.	L'éteint.	Active énergiquement sa combustion.	Fait violemment explosion.	L'éteint.
— 2 litres d'hydrogène mesurés à 150° et 1 litre d'oxygène mesuré à 150° occupent à la même température et sous la pression de 1 atm.	2 litres.	1 litre.	3 litres.	2 litres (eau en vapeur).

On voit par ces quelques faits combien l'eau est différente du mélange de 2 litres d'hydrogène avec 1 litre d'oxygène.

Rappelons que nous savons d'ailleurs passer de cette combinaison au mélange (par électrolyse) et réciproquement du mélange à la combinaison, grâce à l'action de la chaleur (10).

D'après ce qui vient d'être dit, il se peut que d'un mélange et d'une combinaison on puisse extraire les deux mêmes corps (ou les trois mêmes, etc.) et dans les mêmes proportions. Seulement cette séparation est beaucoup plus facile à obtenir dans le cas du mélange, les deux corps ne se cttennent pas beaucoup l'un l'autre, ils présentent, l'un vis-à-vis de l'autre, une grande indépendance, en sorte que les propriétés de chacun d'eux ne sont que peu modifiées par la présence de l'autre ; on peut même dire que dans les mélanges non homogènes elles ne le sont pas du tout.

Dans une combinaison, au contraire, l'union est beaucoup plus intime et les propriétés qu'on observe ne peuvent que difficilement se déduire des propriétés des composants.

Nous venons de dire que dans un mélange non homogène les composants ont gardé leurs propriétés. Voici un exemple du fait. Mélangeons 63 grammes de cuivre en limaille et 16 grammes de soufre en poudre. Le mélange fût-il très bien fait, au microscope on distinguera les grains jaunes du soufre des grains rouges du cuivre. Les deux corps ont gardé leurs solubilités respectives : le soufre est soluble, le cuivre insoluble dans le sulfure de carbone. Le mélange jeté dans ce liquide se sépare en deux : une portion reste insoluble, c'est le cuivre ; l'autre se dissout, c'est le soufre.

Mais si nous chauffons ce mélange, une incandescence se produira après laquelle nous aurons transformé le mélange en une combinaison appelée sulfure de cuivre. Il sera inutile d'essayer de séparer les deux corps mécaniquement : au microscope on ne verra ni grains jaunes ni grains rouges, mais uniquement des grains noirs. Le sulfure de carbone ne fournira aucune séparation il ne dissout aucune portion du sulfure de cuivre.

Ici les propriétés des composants, restées intactes dans le mélange, ont complètement disparu dans la combinaison. Mais les choses ne sont pas aussi nettes dans le cas d'un mélange homogène : une solution de sel dans l'eau est pour nous un mélange ; on ne saurait dire que le sel y a conservé toutes ses propriétés, puisqu'en particulier il n'est pas resté solide.

Quand on aura étudié un nombre suffisant de faits on verra qu'il n'existe pas de ligne de démarcation rigoureuse séparant les mélanges homogènes des combinaisons ; c'est que les classifications en usage dans les sciences naturelles, commodes pour faciliter les recherches et soulager la mémoire, ne sont point du genre des classifications des sciences mathématiques. Il est certain qu'un nombre donné est pair ou qu'il ne l'est pas, il n'y a pas de milieu. Tandis que lorsque nous avons défini deux groupes, bien distincts, dans lesquels nous croyons pouvoir faire rentrer les corps fournis par la nature, cette dernière nous présente des substances intermédiaires que nous classerions aussi volontiers dans un groupe que dans un autre, et à la vérité sans trouver que l'une ou l'autre place leur convienne parfaitement.

Ce que nous venons de dire pourra se répéter fréquemment par la suite. Ainsi nous ferons deux catégories de corps simples : les métalloïdes et les métaux, et cependant il sera impossible de donner un moyen de décider rigoureusement et dans tous les cas si un corps simple est un métal ou un métalloïde. Cela tient à ce que le chimiste procède par analogie et que l'analogie n'est point susceptible d'être définie rigoureusement.

Est-ce à dire que la distinction entre les mélanges et les combinaisons n'est d'aucune utilité et ne correspond à aucune réalité ?

Une comparaison nous montrera qu'il n'en est rien.

G. de Mortillet [1], à propos d'objections faites aux classifications préhistoriques, écrit les lignes suivantes qui s'appliquent à toutes les classifications naturelles :

1. *Archéologie préhistorique.*

« Qu'y a-t-il de plus différent, de plus tranché, de plus facile à caractériser, à reconnaître que le jour et la nuit? Eh bien, l'argumentation des adversaires de la classification préhistorique, si elle avait quelque valeur, conduirait à établir que le jour et la nuit n'existent pas.

« En effet, entre le jour et la nuit il y a des transitions, des passages plus ou moins longs, le crépuscule et l'aurore. Le jour et la nuit au lieu d'être synchroniques s'enchevêtrent suivant les régions... leur longueur est très variable.... Et pourtant la division du temps en jours et en nuits est très nette, très précise, très pratique. »

Par opposition aux mélanges, on réunit quelquefois les corps simples et les corps composés sous le nom d'*espèces chimiques*.

51. Réactions chimiques. — Mettons au contact différentes espèces chimiques. Nous pouvons nous attendre à les isoler les unes des autres en utilisant les procédés de séparation des mélanges indiqués plus haut, cela n'aura cependant pas lieu si, sous des influences diverses, dont nous reparlerons, ces espèces chimiques se sont combinées. Mais alors les moyens en question n'amèneront aucune séparation.

Il peut se présenter un autre cas, celui où les mêmes moyens nous permettront d'isoler *plusieurs* espèces chimiques, autres que celles que nous avions mises. On ne dira plus que ces dernières se sont combinées, on dira qu'elles ont réagi les unes sur les autres.

Ainsi nous mettons ensemble trois espèces chimiques, du zinc, de l'eau et de l'acide sulfurique. Deux d'entre elles disparaissent la première et la dernière tandis qu'apparaissent deux autres, l'hydrogène et le sulfate de zinc (23). Nous dirons que le zinc a réagi sur l'acide sulfurique; mais nous ne dirons pas que le zinc s'est combiné à l'acide, car nous réservons ce mot pour le cas où plusieurs espèces chimiques sont remplacées par une seule. Tandis que lorsqu'avec de l'hydrogène et de l'oxygène nous ferons de l'eau, nous dirons indifféremment que ces deux corps ont réagi ou qu'ils se sont combinés.

Remarque. — L'action de plusieurs corps simples ou composés les uns sur les autres peut donner naissance à d'autres corps eux-mêmes simples ou composés, en sorte qu'on ne retrouvera plus par congélation, distillation et dissolution fractionnées les corps qu'on avait mis. Mais les corps qu'on obtient décomposés complètement fournissent exactement les mêmes corps simples que les corps qu'on a mis et chacun d'eux en même quantité.

52. Principaux moyens employés pour décomposer une combinaison ou pour provoquer une réaction. — 1° *L'action du courant électrique* nous a permis de décomposer l'eau en hydrogène et oxygène, le chlorure de sodium en chlore et sodium,

Le courant électrique est un agent de décomposition excessivement puissant et dont on fait un usage de plus en plus considérable. Il sert à fabriquer en décomposant certaines de leurs combinaisons : l'oxygène, l'hydrogène, le chlore, le brome, le sodium (et par suite la soude), le magnésium, l'aluminium, etc.

2° *L'action de la chaleur.* — Elle peut décomposer une combinaison. Ainsi le chlorate de potassium qui est une combinaison se décompose sous l'action de la chaleur en donnant deux corps : de l'oxygène et du chlorure de potassium.

Lorsque le chlorate est en train de se décomposer, le phénomène ressemble à une ébullition et on pourrait croire qu'on assiste à une distillation fractionnée dans laquelle l'oxygène se sépare du chlorure de potassium avec lequel il était simplement mélangé. Mais en remettant dans un même récipient l'oxygène et le chlorure de potassium on ne reproduira pas le chlorate, on n'obtiendra qu'un mélange non homogène. Ajoutons que la dissolution fractionnée ne permet pas de décomposer le chlorate de potassium, non plus que la congélation fractionnée. Pour toutes ces raisons nous disons que ce chlorate n'est pas un mélange.

Mais la chaleur peut produire l'effet inverse du précédent : elle peut transformer un mélange de deux corps en une combinaison. C'est ce qui arrive quand on chauffe suffisamment un mélange d'oxygène et d'hydrogène.

On observe généralement qu'à une pression déterminée deux corps ne réagissent pas l'un sur l'autre au-dessous d'une certaine température. Ainsi au voisinage du point d'ébullition de l'hydrogène, sous la pression d'une atmosphère (— 252°) les corps n'ont point d'action les uns sur les autres. L'acide sulfurique et l'ammoniaque, qui, à la température ordinaire, se combinent avec violence, sont complètement indifférents l'un à l'autre aux températures inférieures à 60° au-dessous de zéro.

La température s'élevant, la réaction devient possible, jusqu'à un moment où on observe au contraire que la chaleur provoque la décomposition des combinaisons.

Ainsi le mercure se combine avec l'oxygène de l'air quand on le chauffe ; mais en chauffant un peu plus on décompose la combinaison et on régénère les composants (expérience de Lavoisier).

A la température de l'arc électrique, évaluée à environ 3500°, la plupart des combinaisons sont complètement détruites. Certaines subsistent encore cependant, le carbure de calcium par exemple.

Lorsque deux ou plusieurs corps ont été mis en contact dans le but d'obtenir une réaction et que celle-ci n'a pas lieu, on chauffe et souvent ainsi on arrive au résultat voulu.

Nous avons déjà l'exemple de l'action de l'oxygène sur l'hydrogène. En voici un second : l'acide chlorhydrique réagissant sur l'oxygène fournit par une réaction limitée de l'eau et du chlore (40), mais à froid on n'aurait rien obtenu, il a fallu chauffer.

Dans certains cas il faut chauffer pendant toute la durée de la réaction, si on cesse de chauffer l'action s'arrête ; mais dans d'autres cas il suffit d'*amorcer*, on chauffe un point où l'on provoque la réaction et elle continue d'elle-même. Ainsi la chaleur fournie par une petite étincelle électrique jaillissant en un point d'un mélange d'hydrogène et d'oxygène suffit pour provoquer la combinaison dans toute la masse.

3° *Action de la lumière.* — La lumière provoque un assez grand nombre de réactions, mais cette influence est généralement lente et ne frappe pas immédiatement l'observateur. Voici un cas où il en est autrement : le chlore et l'hydrogène mélangés à froid et à l'obscurité ne réagissent pas, au soleil le mélange fait explosion (34), les deux corps se sont combinés et il s'est fait de l'acide chlorhydrique.

55. Phénomènes accompagnant les réactions chimiques. — Les réactions chimiques sont souvent accompagnées de dégagements de chaleur parfois très considérables. Un exemple bien net est celui fourni par les combustions. Quand un corps brûle dans l'air, c'est qu'il réagit sur l'oxygène de l'air, il se dégage alors de la chaleur et on l'utilise dans bien des cas pour le chauffage (combustion du charbon, de l'hydrogène).

Quand la chaleur dégagée est assez grande, les corps sont portés à l'incandescence ; ils deviennent alors lumineux. Les combustions vives sont accompagnées de dégagements de lumière souvent utilisés pour l'éclairage.

CHAPITRE VIII

NOTATION CHIMIQUE.

Les espèces chimiques sont divisées en deux catégories : les corps simples ou indécomposables et les combinaisons ou corps composés.

Les corps simples sont eux-mêmes divisés en deux classes, les métaux et les métalloïdes ; nous verrons ultérieurement les raisons de cette classification (58).

54. Corps simples. — Pour les représenter on écrit seulement la première lettre de leurs noms. Hydrogène s'écrit H, oxygène O. Si plusieurs corps simples commencent par la même lettre, on écrit à la suite de la première une deuxième prise dans le corps du mot, mais en caractères plus petits. Exemple : Charbon (ou carbone) C, chlore Cl, calcium Ca, cuivre Cu, etc.

On convient de plus que chacun de ces symboles représente un poids du corps auquel il correspond, qui n'est pas déterminé en valeur absolue, mais qui l'est en valeur relative. Ainsi :

H représente un poids d'hydrogène égal à l'unité.

O   —   —   d'oxygène égal à 16 fois cette unité.

C   —   —   de carbone égal à 12 fois cette unité.

L'unité en question étant absolument quelconque. Si nous la prenons égale au gramme, ce qui est commode, la plupart du temps, H c'est 1 gramme d'hydrogène ; O, 16 grammes d'oxygène ; C, 12 grammes de carbone, etc. ; mais ce seraient aussi bien des kilos ou toute autre unité.

Les nombres 1, 16, 12, ... indiquant les rapports du poids du symbole d'un corps simple au poids du symbole de l'hydrogène, s'appellent les *poids atomiques*.

Voici les poids atomiques des métalloïdes et des métaux :

MÉTALLOÏDES.

$H = 1$

Fluor.	F	19,00	Azote	Az	14,01
Chlore	Cl	35,37	Phosphore	P	30,96
Brome	Br	79,76	Arsenic	As	74,92
Iode	I	126,56	Antimoine [1]	Sb	119,6
Oxygène	O	15,88	Carbone	C	11,97
Soufre	S	31,98	Silicium	Si	28,00
Sélénium	Se	78,87			
Tellure	Te	126,3	Bore	B	10,94

MÉTAUX.

Lithium	Li	7,01	Tantale	Ta	182,0
Sodium [2]	Na	22,99	Vanadium	Va	51,1
Potassium [3]	K	39,03			
Rubidium	Rb	85,2	Titane	Ti	48,0
Cæsium	Cs	132,7	Germanium	Gr	72,3
Thallium	Tl	203,7	Zirconium	Zr	90,4
			Étain	Sn	117,4
Calcium	Ca	39,91	Thorium	Th	231,96
Strontium	Sr	87,3			
Baryum	Ba	136,8	Bismuth	Bi	207,5
Glucinium	Gl	9,08	Cérium	Ce	141
Magnésium	Mg	23,94	Lanthane	La	138,5
Zinc	Zn	64,9	Didyme	Di	145
Cadmium	Cd	111,7	Yttrium	Y	89,7
			Erbium	Er	166,0
Aluminium	Al	27,4	Ytterbium	Yb	172,6
Gallium	Ga	69,9	Cuivre	Cu	63,18
Indium	In	113,40	Plomb	Pb	206,4
Chrome	Cr	52,0	Argent	Ag	107,7
Manganèse	Mn	54,8	Mercure [4]	Hg	199,8
Fer	Fe	55,9			
Nickel	Ni	58,6	Or	Au	196,2
Cobalt	Co	58,7			
Uranium	U	239,8	Ruthénium	Ru	101,5
			Rhodium	Rh	103,2
Molybdène	Mo	95,9	Palladium	Pd	106,5
Tungstène	Tu	126,5	Osmium	Os	199
			Iridium	Ir	192
Niobium	Nb	93,7	Platine	Pt	194

REMARQUE. — Dans les calculs où l'on n'a pas besoin d'une très grande précision on « arrondit » les nombres. Ainsi on prend O = 16, Cl = 35,5, Na = 23, etc.

1. Sb, de *stibium*, nom sous lequel on a aussi désigné l'antimoine.

2. Le symbole Na vient de *natrium*, dérivé de *natro*, nom sous lequel les anciens désignaient le carbonate de sodium.

3. K est la première lettre du mot *kalium*, dérivé de l'arabe *al kali*, la potasse.

4. Hg, de *hydrargyrum*, vif-argent.

55. **Corps composés.** — Pour représenter une combinaison on écrit côte à côte les symboles des corps simples qu'on en peut tirer, mais en répétant chacun d'eux autant qu'il le faut pour que la composition en poids soit respectée.

Ainsi pour l'eau, combinaison d'hydrogène et d'oxygène, on fera usage des lettres H et O. Mais l'expérience apprend que, en décomposant l'eau, on obtient un poids d'oxygène égal à 8 fois celui de l'hydrogène. On n'écrira pas l'eau HO parce que le poids d'oxygène représenté par O égale 16 fois le poids d'hydrogène représenté par H, tandis qu'il nous faut un poids d'oxygène égal seulement à 8 fois le poids d'hydrogène. On écrit l'eau

$$HOH,$$

car le poids d'oxygène représenté par O égale 8 fois le poids d'hydrogène représenté par $2H$.

Pour abréger on peut n'écrire chaque symbole qu'une fois, mais on indique combien de fois il faudrait le répéter par des nombres écrits en petits caractères en haut à droite.

$$HOH = H^2O.$$

D'après les conventions H^2O ne représente pas un poids d'eau quelconque, mais bien un poids égal à 18 fois $(16 + 2, O + 2H)$ le poids d'hydrogène représenté par H. Ce total, ce nombre 18, est appelé le *poids moléculaire* de l'eau.

Exercice. — Calculer le poids moléculaire et la composition pour 100 en poids de l'alcool, sachant que sa formule est :

$$C^2H^6O.$$

$$
\begin{aligned}
C^2 &= 2 \times 12 = 24 \\
H^6 &= 6 \times 1 = 6 \\
O &= 1 \times 16 = 16 \\
\hline
C^2H^6O &= 46
\end{aligned}
$$

1° Le poids moléculaire de l'alcool est 46.

2° 46 grammes d'alcool décomposés fournissent 24 grammes de carbone, 6 grammes d'hydrogène et 16 grammes d'oxygène. Donc 100 grammes d'alcool fourniraient $\dfrac{2400}{46}$ grammes de C, $\dfrac{600}{46}$ grammes d'H et $\dfrac{1600}{46}$ d'O.

56. Mélanges. — Pour les représenter on écrit les symboles des corps qu'on en peut tirer en les séparant par le signe +.

H^2O = combinaison de 16 grammes d'oxygène et de 2 grammes d'hydrogène.
$H^2 + O$ = mélange de

Remarque. — Quand on dit qu'on prend un *atome* d'un corps simple, on entend dire qu'on en prend un poids égal à son poids atomique; de même prendre une *molécule* d'eau, c'est prendre un poids d'eau égal à 18.

57. Calculs sur les volumes des corps gazeux. — On les effectue facilement en tenant compte d'une propriété des poids moléculaires que nous nous bornerons à énoncer : *les poids moléculaires des divers corps sont les poids de ces corps qui à l'état gazeux occupent un même volume* (à la même température et sous la même pression).

Si par exemple nous comptons les poids moléculaires en grammes, *le poids moléculaire d'un gaz est le poids de* $22^l,5$ *de ce corps* (à 0° et 1ᵃᵗᵐ).

Ainsi le poids moléculaire de l'eau est 18, celui de l'alcool 46; eh bien, le volume de 18 grammes de vapeur d'eau est le même que celui de 46 grammes de vapeur d'alcool, c'est $22^l,5$.

Le symbole, la formule d'un corps composé correspond donc à un volume toujours le même. Ce volume sera $22^l,5$ si l'unité de poids choisie est le gramme.

Le volume correspondant au symbole, au poids atomique d'un corps simple à l'état gazeux n'est pas connu pour les corps qui ne prennent cet état qu'à température trop élevée, tels que C, Fe, etc. Il est égal à $11^l,15$, c'est-à-dire à la moitié de $22^l,5$ pour les corps suivants :

H, Fl, Cl, Br, I, O, S, Se, Te, Az.

Il est égal au quart de $22^l,5$ pour As, Ph et Sb.

Le poids atomique d'un corps simple gazeux est donc en général le poids de $11^l,15$ *de ce corps.* — Les exceptions sont :

As, Ph, Sb, A et He.

Par généralisation on appelle poids moléculaire d'un corps simple le poids de $22^l,5$ de ce corps à l'état gazeux.

Remarque. — Soit M le poids moléculaire d'un gaz, d sa densité de vapeur (0). Comme $22^l,5$ d'air à 0° et 1 atm. pèsent $28^{gr},8$, on a la relation

$$M = 28, 8\, d.$$

Exercice. — Trouver la composition en volume rapportée à $22^l,3$ d'un corps gazeux dont on connaît la formule

I. Soit l'eau H^2O.

Le volume d'eau en vapeur représentée par H^2O corps composé $= 22^l,3$.

Ce volume décomposé fournit H^2 dont le volume est 2 fois celui de $H = 2 \times 11,15$.

Et O dont le volume est 1 fois celui de $O = 11,15$.

En décomposant $22^l,3$ de vapeur d'eau, on obtiendrait $22^l,3$ d'H et $11^l,15$ d'O. Si on ne décomposait que 2 litres de vapeur d'eau, c'est-à-dire 11,15 fois moins, on aurait 2 litres d'H et 1 litre d'O.

Ce résultat, que nous avons démontré expérimentalement (17), montre que le volume d'un composé n'est pas forcément la somme des volumes des composants. Cela peut arriver, mais *le plus souvent le volume d'un composé est inférieur à la somme des volumes des composants. Il n'est jamais plus grand.*

II. Soit AsH^3.

Le volume de AsH^3, corps composé, est $22^l,3$.

Celui de As (corps simple mais exception) $5^l,575$.

Celui de $3H = 3 \times 11,15 = 33^l,45$.

Donc 2 litres de ce corps fourniraient 1/2 litre d'As en vapeur et 3 litres d'H.

Remarque. — La composition en volume d'un corps composé rapporté à 2 litres est représentée par les exposants figurant dans sa formule, s'il n'y a ni Ph, ni As, ni métaux.

Cela découle de ce fait que la formule d'un corps composé vaut $22^l,3$ renfermant un volume de chacun de ses composants égal à $11^l,15$ multipliés par le nombre de fois que le corps simple est répété, c'est-à-dire par l'exposant.

Exemple : H^2O. Pour 2 litres de vapeur d'eau il y a 2 litres d'H et 1 litre d'O.

Nous engageons le lecteur à résoudre les problèmes suivants d'ailleurs très faciles. Ils lui feront mieux saisir le sens des formules :

Exercice I. — L'analyse d'une combinaison a montré qu'on en pouvait tirer $7^{gr},8$ de carbone et $1^{gr},3$ d'hydrogène.

Quelle est la formule la plus simple qu'on puisse lui donner, les poids atomiques du carbone et de l'hydrogène étant respectivement 12 et 1.

Quelles seront les autres formules acceptables (il y en a une infinité).

Quelle est celle de ces formules qu'il faut adopter, sachant que le corps fournit par sa décomposition un volume d'hydrogène triple du sien.

Rép. C^3H^6.

Exercice II. — Quelle est la formule d'une combinaison d'azote et d'hydrogène fournissant par sa décomposition un volume d'azote moitié du sien et un volume d'hydrogène triple de celui de l'azote. Quel sera le poids d'un litre de ce gaz?

$$\text{Rép. } Az H^3 \text{ et } \frac{17^{gr}}{22,3}.$$

EXERCICE. III. — La formule du chlorate de potassium est ClO^3K. Chauffé suffisamment, il se décompose en laissant dégager tout son oxygène. On peut recueillir ce dernier. Combien 1 kilogramme de chlorate fournira-t-il de litres d'oxygène?

$$\text{Rép. } \frac{3 \times 11,15 \times 1000}{122,5} \text{ litres.}$$

NOTIONS DE NOMENCLATURE.

Historique. — Le nombre des corps simples que nous connaissons actuellement n'est pas très étendu; il n'en est pas de même des combinaisons qu'ils peuvent former deux à deux, trois à trois, etc., et si aucune règle précise ne présidait à leur dénomination, il serait impossible de s'y reconnaître. Dans les dernières années du xviiie siècle, les corps composés portaient souvent des noms qui ne rappelaient en rien leur origine et parfois même en portaient plusieurs.

A l'instigation de Guyton de Morveau les savants les plus illustres, Lavoisier, Fourcroy, Berthollet, établirent les bases d'une classification systématique que Lavoisier publia en 1787.

58. Corps simples. — Aucune règle fixe n'a présidé au choix du nom d'un corps simple. On a conservé le plus souvent le nom sous lequel il était anciennement connu : or, argent, mercure. Les corps plus récemment découverts sont désignés par des noms rappelant ou leur propriété chimique essentielle ou celle de leurs propriétés physiques qui a plus spécialement fixé l'attention. Tels sont les mots hydrogène (*udor*, eau, et *gennao*, j'engendre), oxygène (*oxus*, acide, et *gennao*, j'engendre), azote (*a* privatif, et *zoè*, vie). Le nom du gaz chlore est tiré de sa couleur (*chloros*, verdâtre); brome veut dire mauvaise odeur (*bromos*, fétidité); la vapeur de l'iode est violette (*iodès*, violet), etc.

Il est d'usage courant d'appeler *métaux* un certain nombre de corps simples, le fer, le cuivre, l'or, l'argent par exemple, tandis qu'on se refuse à donner ce nom à l'oxygène, au soufre, au phosphore ou au charbon. Les chimistes ont adopté cette division des corps simples en métaux et non métaux qu'ils ont appelés métalloïdes.

En comparant les éléments précités nous trouvons des différences assez marquées : les métaux possèdent, quand ils sont polis, un éclat particulier (or, cuivre) connu sous le nom d'éclat *métallique* tout autre que l'éclat *vitreux* de certains métalloïdes (phosphore, diamant).

Les métaux sont bons conducteurs de la chaleur et de l'électricité, il n'en est pas de même des métalloïdes.

Si l'on parvient à électrolyser une combinaison non hydrogénée renfermant un métal uni à un ou plusieurs métalloïdes, le métal se rend à la cathode, les métalloïdes à l'anode.

Enfin parmi les combinaisons oxygénées d'un métal il en existe au moins une capable de réagir sur un acide en donnant un sel et de l'eau, c'est-à-dire possédant les propriétés d'une base anhydre (61); les oxydes des métalloïdes ne sont jamais basiques[1].

Nous pourrons faire appel à ces caractères lorsqu'il s'agira de décider si un corps simple donné sera classé parmi les métaux ou parmi les métalloïdes.

Or si quelques éléments se rangeront très nettement dans l'une ou l'autre des deux catégories d'après leurs propriétés physiques et chimiques, il n'en sera pas de même pour tous. Ainsi l'arsenic que l'on étudie à côté du phosphore possède l'éclat métallique; l'antimoine, que l'on classe souvent parmi les métaux, donne naissance à des combinaisons se rapprochant tout à fait de celles de l'arsenic.

Cette distinction, entre les métalloïdes et les métaux, commode pour faciliter l'étude des corps simples, présente donc ce caractère, commun à toutes les classifications des sciences naturelles, de n'avoir rien d'absolu.

59. Corps composés. — Fonctions chimiques. — On dit que des corps ont même *fonction chimique* lorsqu'ils jouissent d'un ensemble de propriétés communes qui servent de caractéristiques à la fonction.

Distinguons tout d'abord les fonctions *acide, base, sel*.

60. Acides. Sels. — Mettons dans un verre des morceaux de zinc et de l'eau, il ne se passera rien de particulier; ajoutons de l'acide sulfurique, il va se former de petites bulles d'hydrogène qui monteront à travers le liquide en même temps que le métal semblera se dissoudre: ce n'est toutefois pas une véritable dissolution, car en chauffant suffisamment on pourra chasser toute l'eau mise au début et on ne trouvera plus alors qu'un seul corps solide, blanc, constituant une espèce chimique bien différente de celles introduites et qu'on appelle le sulfate de zinc. L'hydrogène ne peut provenir que de la décomposition de l'acide, car le zinc est un corps simple. Quant au sulfate, d'après ce que nous savons de sa formation, il renferme ce que renfermait l'acide sulfurique moins de l'hydrogène, plus du zinc.

---

[1]. Ils sont fréquemment acides anhydres.

Nous savons de même, par des procédés plus ou moins directs, obtenir de nombreux corps dont la composition diffère de celle de l'acide sulfurique uniquement par ce fait qu'ils renferment un métal en plus et de l'hydrogène en moins.

Cette propriété de l'acide sulfurique nous la prendrons pour définir la fonction acide *dans son sens le plus général* en disant :

On appelle acide tout corps renfermant de l'hydrogène remplaçable par des métaux. Les produits obtenus après le remplacement sont nommés Sels.

Ainsi le sulfate de zinc est le sel de zinc de l'acide sulfurique[1].

Un acide est dit *monobasique* quand son hydrogène remplaçable par un métal ne peut se remplacer partiellement. C'est le cas des acides azotique AzO^3H ou chlorhydrique HCl. Si cet hydrogène peut se remplacer par moitié, l'acide est bibasique : ainsi l'acide sulfurique SO^4H^2 est bibasique, il fournit en effet deux sels de sodium SO^4HNa et SO^4Na^2. L'acide phosphorique PO^4H^3 dont l'hydrogène est remplaçable par tiers par un métal est tribasique. Un acide peut d'ailleurs renfermer à la fois de l'hydrogène remplaçable et de l'hydrogène non remplaçable par un métal.

Les acides ne renfermant pas d'oxygène sont en général des composés binaires. Pour les nommer on dit *Acide*, puis on ajoute le nom du corps combiné à l'hydrogène suivi du suffixe *hydrique*. Pour les acides oxygénés, généralement ternaires, on ne nomme pas l'oxygène mais on met *ique* au lieu de hydrique. S'il y a deux acides provenant de l'union du même corps avec l'oxygène et l'hydrogène, celui qui renferme le moins d'oxygène pour cent prend la terminaison *eux* au lieu de ique. Enfin les préfixes *hypo* d'une part, *per* ou *hyper* de l'autre, servent à indiquer une diminution ou une augmentation d'oxygène.

Pour nommer un sel on prend le nom de l'acide d'où il dérive. On supprime le mot acide, on remplace les terminaisons hydrique par *ire*, ique par *ate*, eux par *ite*, on ajoute la préposition *de*, puis le nom du métal. Ces conventions sont résumées dans le tableau suivant :

---

1. Nous avons déjà donné cette définition à propos de l'acide chlorhydrique. Nous avons pensé qu'elle était assez importante pour être expliquée à nouveau.

NOMENCLATURE DES ACIDES ET DES SELS.

Non oxygénés { Acides : Acide — hydrique,
{ Sels :   — ure de *métal*.

Oxygénés { Les plus { Acide : Acide — ique,
{ oxygénés, { Sel :   — ate de *métal*.
{ Les moins { Acide : Acide — eux,
{ oxygénés, { Sel :   — ite de *métal*.

EXEMPLES :

ACIDES.

HCl . . . . *Acide chlorhydrique.*
$ClOH$ . . . . *Acide hypochloreux.*
ClO^3H . . . . *Acide chlorique.*
ClO^4H . . . . *Ac. le perchlorique.*

SELS.

$NaCl$ . . . . *Chlorure* de sodium.
$ClONa$ . . . . *Hypochlorite* de sodium.
ClO^3Na . . . . *Chlorate* de sodium.
ClO^4Na . . . . *Perchlorate* de sodium.

REMARQUE I. — Un acide polybasique peut donner plusieurs sels avec un même métal ; le sel obtenu en remplaçant tout l'hydrogène remplaçable par un métal est dit *neutre*. SO^4Na^2 est le sulfate neutre de sodium ; SO^4NaH est un sulfate acide, il renferme en effet de l'hydrogène remplaçable par un métal.

REMARQUE II. — Les acides sont tantôt solides, tantôt liquides, tantôt gazeux à la température ordinaire.

Les sels sont des corps solides à de rares exceptions près.

61. **Bases.** — Quand nous avons mis l'eau HOH en présence d'un métal, le sodium (18), une vive réaction a eu lieu ; il s'est dégagé de l'hydrogène et il s'est formé un nouveau corps, la soude $NaOH$. Cette soude, c'est de l'eau dont l'hydrogène a été remplacé en partie par un métal. Étant donnée la définition des acides que nous avons adoptée, on peut dire que l'eau est un acide vis-à-vis du sodium. Il en est de même vis-à-vis d'un très grand nombre de métaux ; c'est de plus un acide bibasique : le magnésium en poudre réagissant sur l'eau tiède ne remplace que la moitié de l'hydrogène de l'eau ; à la température du rouge il déplace la totalité. L'eau fournit donc deux espèces de sels : les sels acides composés ternaires, appelés hydrates et les sels neutres composés binaires, appelés oxydes. L'usage est de ne pas leur conserver le nom de sels. On appelle les premiers des *bases* et les seconds *oxydes basiques* ou *bases anhydres*.

Il suit de là que la formule générale d'une base se composera d'un certain nombre d'atomes du métal unis à un certain nombre de fois le groupe OH.

NOMS DE QUELQUES BASES USUELLES.

KOH	Hydrate de potassium	ou	Potasse.
NaOH	— sodium	ou	Soude.
CaO^2H^2	— calcium basique	ou	Chaux éteinte.
CaO	Oxyde de calcium	ou	Chaux vive.
MgO	— magnésium	ou	Magnésie.

62. Restriction de la fonction acide. — La fonction acide caractérisée, comme nous l'avons fait, par une seule propriété comprend des corps d'allures souvent très différentes, aussi on la restreint généralement en convenant de n'appeler réellement acides que les corps qui, en présence d'une base, s'emparent du métal en cédant de l'hydrogène, c'est-à-dire que nous exigerons *qu'un acide en réagissant sur une base donne un de ses sels et de l'eau.*

C'est ainsi par exemple que l'acide chlorhydrique en présence de la soude fournit de l'eau et du chlorure de sodium, ce qu'on écrit

$$HCl + NaOH = NaCl + HOH[1].$$

Action des réactifs colorés. — La plupart des acides en solution aqueuse font rougir la teinture bleue de tournesol; beaucoup font virer au rose la solution jaune d'héliantine. Dans les mêmes conditions les bases ramènent ces matières colorantes à leur couleur primitive. Quant aux sels proprement dits, leur action sur les réactifs colorés ne présente rien de général. On peut seulement remarquer que beaucoup de sels neutres sont sans action sur le tournesol. Quand on veut spécifier cette propriété, on dit qu'ils sont neutres au tournesol.

63. Alliages, amalgames. — On appelle alliages les combinaisons et les mélanges des combinaisons des métaux entre eux. Ils ont souvent les noms industriels : bronze, laiton. Si l'un des métaux est le mercure, on dit amalgame. Ex : l'amalgame de sodium, combinaison de mercure et de sodium.

---

1. Une permutation entre l'hydrogène d'un acide et le métal d'un sel est fréquente. C'est ainsi que la plupart des acides étudiés dans ce traité peuvent s'obtenir par l'action de l'acide sulfurique sur un de leurs sels. L'acide sulfurique cède de l'hydrogène en échange du métal; on exprime quelquefois ce fait en disant que l'acide sulfurique a chassé l'autre acide de son sel. On voit que nous n'appelons réellement acides que ceux capables de chasser l'eau de ses sels au moins partiellement. En chimie organique on restreint encore davantage la fonction acide.

04. Composés binaires ne rentrant pas dans les catégories précédentes. — S'ils ne sont pas oxygénés, on nomme l'un des deux corps, on lui ajoute la terminaison *ure* la préposition *de* et le nom du deuxième corps [1].

Celui des deux corps qui prend la terminaison *ure* est celui qui précède l'autre dans le tableau suivant lu horizontalement :

F	Cl	Br	I
O	S	Se	Te
Az	P	As	Sb
C	Si		
B			
H	Métaux.		

EXEMPLE :   ICl est le chlorure d'iode.

Lorsque deux corps forment plusieurs combinaisons, on se sert pour les distinguer des préfixes *proto*, *bi*, *sesqui*, *tri*, etc.

EXEMPLE : PCl^3 Trichlorure de phosphore.
PCl^5 Pentachlorure de phosphore.

Combinaisons oxygénées. — On les appelle oxyde de... et on ajoute le nom du deuxième corps. On utilise les mêmes préfixes que ci-dessus.

EXEMPLE :   CO   Oxyde de carbone.
Mn^2O^3 Sesquioxyde de manganèse.

Anhydrides d'acides. — Certains oxydes s'unissant à l'eau donnent des acides; en réagissant sur les bases ils donnent des sels de ces acides. On les appelle comme les acides en ajoutant *anhydre* ou en remplaçant acide par *anhydride*.

L'anhydride sulfurique SO^3 se combine vivement à l'eau en donnant l'acide sulfurique SO^4H^2.

Anhydrides basiques. — Ce sont les bases anhydres. Plusieurs d'entre elles, au contact de l'eau, s'y combinent en fournissant des hydrates. On leur applique la nomenclature générale des oxydes.

CaO, oxyde de calcium, au contact de l'eau se transforme en CaO^2H^2, hydrate de calcium. On fait souvent usage des terminaisons *eux* et *ique*. Ainsi il existe deux oxydes basiques de fer. On les appelle :

FeO   protoxyde de fer ou oxyde ferreux.
Fe^2O^3 sesquioxyde de fer ou oxyde ferrique.

1. C'est cette règle qu'on applique quand on nomme les sels non oxygénés.

CHAPITRE IX

FORMULES DE RÉACTIONS.

65. Formules des réactions. — Nous savons que 2 grammes d'hydrogène en s'unissant à 16 grammes d'oxygène forment 18 grammes d'eau. Au lieu d'écrire

$$2^{gr} \text{ d'hydrogène} + 16^{gr} \text{ d'oxygène} = 18^{gr} \text{ d'eau,}$$

nous pouvons remplacer 2 grammes d'hydrogène par le symbole H^2, 16 grammes d'oxygène par le symbole O et 18 grammes d'eau par le symbole H^2O. L'égalité deviendra

$$H^2 + O = H^2O :$$

c'est la formule représentative de la réaction.

Quelque compliquée que soit la réaction, on pourra toujours la représenter par une égalité dans le premier membre de laquelle entreront les symboles des corps réagissants et, dans le second membre, les symboles des produits de la réaction, multipliés les uns et les autres par des coefficients tels, que le nombre des atomes d'un corps simple soit le même de part et d'autre.

Cette égalité deviendra une *équation* si elle contient une inconnue, par exemple le nombre de molécules d'un corps composé qu'il faut employer pour obtenir un poids ou un volume donnés d'un des produits de la réaction.

Comme application, proposons-nous de *formuler* les réactions que nous avons employées pour réparer l'oxygène, l'hydrogène et le chlore étudiés dans les deux premiers chapitres.

Préparation de l'oxygène : 1° Par l'oxyde de mercure :

$$HgO = Hg + O.$$

2° Par le chlorate de potassium. La formule du chlorate de potassium est ClO^3K; lorsqu'on a poussé la calcination assez loin pour que l'oxygène cesse de se dégager[1], le résidu solide que contient alors la cornue est du chlorure de potassium KCl;

$$ClO^3K = KCl + 3O.$$

Préparation de l'hydrogène par le zinc et l'acide sulfurique étendu. La formule de la réaction est

$$Zn + SO^4H^2 = SO^4Zn + 2H.$$

Le sulfate de zinc SO^4Zn reste en dissolution. En réalité, il faut ajouter de l'eau à l'acide sulfurique, mais, cette eau se retrouvant à la fin de la réaction, ne figure pas dans l'égalité. La relation exprime que 65 grammes de zinc permettent de préparer $22^l,30$ d'hydrogène.

Préparation du chlore par le bioxyde de manganèse et l'acide *chlorhydrique*. — On met ensemble deux corps dont les formules respectives sont MnO^2 et HCl. On en obtient trois autres de formules H^2O, $MnCl^2$ et Cl. La formule est

$$MnO^2 + 4HCl = MnCl^2 + 2H^2O + 2Cl.$$

Voici comment on peut retrouver cette formule : il faut se rappeler les corps qu'on met en présence, ceux qu'on obtient et leurs formules. Mais il est inutile d'apprendre les coefficients, on écrira des coefficients non déterminés

$$\alpha MnO^2 + \beta HCl = \gamma MnCl^2 + \lambda H^2O + \mu Cl.$$

Pour déterminer les rapports de quatre de ces coefficients au cinquième on pourrait écrire qu'il y a autant d'atomes de manganèse dans les deux membres, autant d'atomes d'oxygène, etc.

On aura ainsi les relations : | d'où on tire :

$$\alpha = \gamma \qquad\qquad \beta = 4\alpha$$
$$2\alpha = \lambda \qquad\qquad \gamma = \alpha$$
$$\beta = 2\lambda \qquad\qquad \lambda = 2\alpha$$
$$\beta = 2\gamma + \mu \qquad\qquad \mu = 2\alpha$$

On donnera ensuite à α la plus petite valeur rendant tous les coefficients entiers, ici la valeur 1.

EXERCICE I. — Trouver les coefficients de la formule de réaction suivante qui exprime ce fait que pour avoir du chlore il n'est pas nécessaire de mettre en présence du bioxyde de manganèse de l'acide chlorhydrique tout fait, mais qu'il suffit de mettre les substances capables de fournir cet acide, c'est-à-dire du sel et de l'acide sulfurique.

$$\alpha MnO^2 + \beta NaCl + \gamma SO^4H^2 = \delta SO^4Mn + \lambda SO^4NaH + \mu Cl + \nu H^2O.$$

1. Généralement on s'arrête au moment où le contenu de la cornue devient moins fluide ; il serait dangereux, à moins de prendre des précautions particulières, d'aller plus loin ; on risquerait de fondre le verre et le chlorate tombant sur un foyer incandescent pourrait déflagrer et blesser l'opérateur. Lorsqu'on s'arrête au moment où le contenu de la cornue devient pâteux, celui-ci renferme du perchlorate de potassium ClO^4K et du chlorure KCl ; on écrira :

$$2ClO^3K = KCl + ClO^4K + 2O.$$

Calculer ensuite le volume de chlore que fourniraient 100 grammes de bioxyde de manganèse ainsi traités.

REMARQUE I. — Il arrive qu'une réaction soit très compliquée, que la nature et la quantité des corps obtenus varient sous des influences assez faibles. Dans de tels cas on donne généralement une formule qui représente seulement une partie du phénomène; il serait alors illusoire de l'utiliser pour calculer le rendement de l'opération.

REMARQUE II. — A la suite d'une formule de réaction on écrit parfois un nombre.

Par exemple, la formule

$$H + Cl = HCl + 22^c.$$

indique que, lorsque 1^{gr} d'hydrogène H s'unit à $35^{gr},5$ de chlore Cl, il se dégage une quantité de chaleur égale à 22 calories.

Une réaction qui *dégage* de la chaleur est dite *exothermique*. La réaction inverse, dans le cas où on sait la produire, *absorbe* une quantité de chaleur égale. On écrit donc à la suite de la formule le même nombre que dans le cas inverse, mais on le fait précéder d'un signe —.

$$HCl = H + Cl - 22^c.$$

La réaction est dite alors *endothermique*.

66. Lois régissant les combinaisons. — Nous donnons ici deux des lois qui régissent les combinaisons, avec leurs énoncés classiques. On les laissera de côté à une première lecture, la première parce que l'énoncé que nous en donnons nous paraît à peu près évident; la seconde parce qu'elle est sans intérêt pratique, bien qu'ayant eu une influence très importante sur les notations et les théories chimiques.

67. Lois des proportions définies (PROUST). — *Pour former un même composé défini par l'ensemble de ses propriétés physiques et chimiques, deux corps s'unissent toujours dans des proportions invariables.*

Pour former l'eau, nous avons vu qu'un poids d'hydrogène égal à 1 s'unissait à un poids d'oxygène égal à 8. Quel que soit le poids d'hydrogène mis en expérience, le poids d'oxygène qui s'y combine pour former l'eau sera toujours 8 fois plus grand.

68. Loi des volumes (GAY-LUSSAC). — Lorsque deux corps gazeux s'unissent et que le composé formé est gazeux, on observe que les volumes des trois gaz sont entre eux dans des rapports simples. Ainsi les volumes de chlore et d'hydrogène qui s'unissent pour former un gaz, l'acide chlorhydrique, et le volume de ce dernier corps sont entre eux comme les nombres 1 et 2. Les volumes d'hydrogène et d'oxygène qui s'unissent pour donner de l'eau et le volume de cette dernière en vapeur sont entre eux comme les nombres 2, 1 et 2. Les volumes d'azote et d'hydrogène qui s'unissent pour former le gaz ammoniac et le volume de ce dernier sont entre eux comme les nombres 1, 3 et 2.

CHAPITRE X

SOUFRE. — ACIDE SULFUREUX. — ACIDE SULFURIQUE.
HYDROGÈNE SULFURÉ.

SOUFRE, $S = 32$.

69. État naturel. Extraction. — Le soufre est un corps connu de toute antiquité. Il se rencontre en effet dans la nature à l'état de liberté, mélangé à des matières terreuses, au voisinage des volcans éteints ou en activité, ou en masses compactes dans des couches n'ayant aucune origine volcanique et où il accompagne le *gypse* ou pierre à plâtre (sulfate de calcium).

Les procédés d'extraction du soufre que l'on emploie le plus généralement sont toujours assez primitifs : ce sont encore ceux que l'on employait dans l'antiquité.

Si le minerai est abondant et le combustible rare, on entasse le minerai sur une aire inclinée, dans une cavité cylindrique

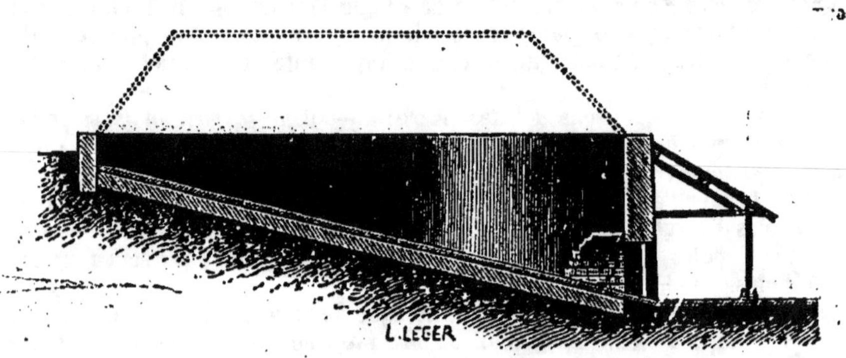

Fig. 40. — Calcarone.

en maçonnerie (fig. 40). On recouvre la meule (*calcarone*) ainsi formée de menus débris et de terre. Par des cheminées que l'on a eu soin de ménager dans la masse, on introduit des branches ou des herbes allumées : le soufre brûle en partie et la chaleur dégagée par cette combustion liquéfie le reste et la masse. On

Fig. 41. — Production du soufre brut.

règle le tirage de façon que la combustion continue lentement et se propage de bas en haut, en élargissant plus ou moins

Fig. 42. — Raffinage du soufre.

l'ouverture des cheminées. Le soufre fondu s'écoule par un orifice pratiqué à la partie déclive. Un tiers environ de soufre est ainsi sacrifié pour fondre les deux autres tiers.

Lorsque le minerai est pauvre, c'est-à-dire lorsque le soufre est mélangé à une forte proportion de matières terreuses, on l'introduit dans des pots en terre disposés dans un long fourneau sur la sole duquel on brûle du bois (fig. 41). On volatilise ainsi le soufre, dont les vapeurs vont se condenser dans un pot B placé à l'extérieur du fourneau.

70. Raffinage. — Le soufre ainsi obtenu est le soufre brut; il est souillé par des matières terreuses entraînées et doit être *raffiné*. A cet effet, on vaporise le soufre dans une cornue en fonte (fig. 42) et les vapeurs vont se condenser dans une grande chambre en maçonnerie. Si la condensation se fait brusquement au contact de l'air froid de cette chambre ou des parois froides, on obtient une matière pulvérulente très légère, la *fleur de soufre*. Si on laisse les parois s'échauffer par suite de la condensation des vapeurs, la température s'élève au-dessus de 114° et le soufre se dépose à l'état liquide. Par une ouverture inférieure que l'on débouche de temps en temps, on fait couler le liquide dans des moules coniques en bois plongés dans l'eau. Le soufre se solidifie et est livré au commerce sous la forme de bâtons coniques : c'est le soufre en *canons*.

Les gaz chauds du foyer circulent autour d'une chaudière dans laquelle on introduit le soufre brut. Le soufre fond, les matières terreuses se déposent et le liquide est amené, par un conduit coudé, dans les cylindres où il se vaporise.

71. Propriétés physiques. — Le soufre est un corps solide, jaune citron; il est mauvais conducteur de la chaleur, car on peut, tenant un bâton de soufre à la main, fondre l'autre extrémité, l'enflammer, sans percevoir aucune sensation de chaleur. Il est mauvais conducteur de l'électricité, car on peut l'électriser par le frottement.

Il fond vers 114° en un liquide jaune clair, ressemblant à de l'huile d'olive. Lorsqu'on continue de chauffer ce liquide, il brunit, devient visqueux et, vers 220°, il est noir foncé et assez épais pour qu'on puisse renverser le tube dans lequel on le chauffe sans que la matière s'écoule. Au-dessus de 220° il reprend un peu de fluidité, tout en conservant sa couleur noire.

A la température de 440°, le soufre bout et émet des vapeurs rougeâtres très denses.

72. Cristallisation du soufre. — Un corps qui se solidifie lentement affecte souvent la forme de polyèdres, c'est-à-dire la forme de solides limités par des faces planes. Ces solides s'appellent des cristaux. Les flocons de neige sont formés par l'enchevêtrement de petits cristaux de glace; le sel marin se dépose par évaporation de sa solution aqueuse concentrée sous forme de petits cubes, ce sont ces cristaux de sel qui s'associent sous forme de trémies (50). Par contre le verre à vitre tel que nous l'utilisons n'est pas cristallisé, non plus que le noir de fumée. 1° Le soufre est insoluble dans l'eau, mais il est soluble dans un composé liquide de soufre et de carbone, le sulfure de carbone CS^2. Lorsque cette dissolution s'évapore lentement, le soufre se dépose en cristaux volumineux, qui sont des octaèdres dérivant d'un *prisme rhomboïdal* (fig. 43).

2° On peut faire cristalliser le soufre différemment. On fait fondre le soufre dans un creuset en terre, puis on laisse refroidir;

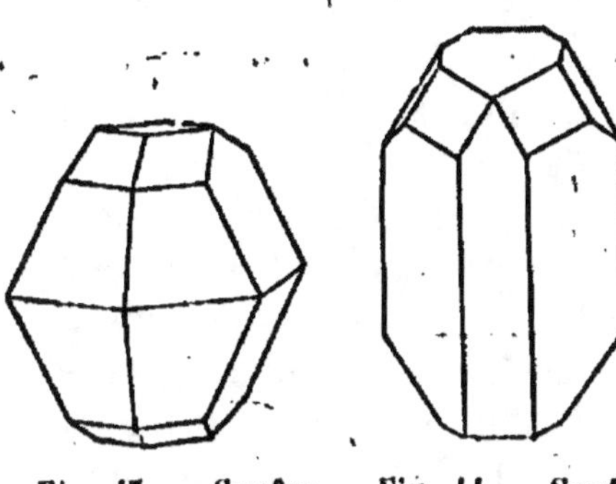

Fig. 43. — Soufre octaédrique.   Fig. 44. — Soufre prismatique.

le soufre se solidifie tout d'abord à la surface et contre les parois du vase qui sont en contact avec l'air extérieur; la solidification se propage lentement de l'extérieur vers le centre de la masse. Lorsque la croûte supérieure a atteint une épaisseur notable, on la perce en deux points avec une tige métallique et on verse par l'un deux le soufre encore liquide; puis on détache avec un couteau la croûte supérieure et on trouve l'intérieur du creuset tapissé de beaux cristaux de soufre. Ce sont de fines aiguilles transparentes, d'un jaune clair, dérivant d'un *prisme rhomboïdal oblique* (fig. 44). Ces cristaux, que l'on désigne par abréviation sous le nom de *soufre prismatique*, perdent peu à peu leur transparence quand on les abandonne quelques jours à la température ordinaire. Au microscope, ils se montrent alors formés par des chapelets d'*octaèdres*.

Les cristaux prismatiques appartiennent donc à un autre système que les cristaux obtenus par l'évaporation du sulfure de carbone; on appelle *corps dimorphes* ceux qui comme le soufre cristallisent sous deux formes.

73. Soufre mou. Soufre insoluble. — Lorsqu'on coule dans de l'eau froide du soufre maintenu liquide à une température peu supérieure à sa température de fusion, il se solidifie brusquement en une matière d'un jaune clair, cassante, qui ne diffère pas du soufre en canons que nous avons étudié précédemment. Mais si on coule dans l'eau froide, en filet mince, le soufre visqueux que l'on obtient en chauffant à 230°, on obtient une matière brune, élastique comme du caoutchouc : c'est le soufre mou. Ce soufre ne reste pas longtemps en cet état : il perd peu à peu sa transparence et son élasticité et se transforme en soufre ordinaire.

Si l'on essaye de dissoudre le soufre mou dans le sulfure de carbone, on observe qu'il laisse un résidu insoluble, pulvérulent, d'un jaune très pâle. C'est là une troisième variété de soufre, le *soufre insoluble*.

74. Propriétés chimiques. — Le soufre, quelle que soit la variété employée, brûle, lorsqu'on le chauffe dans l'air ou dans l'oxygène, avec une flamme bleue. Le résultat de cette combustion est le gaz sulfureux SO_2.

La plupart des métaux chauffés dans la vapeur de soufre s'y combinent avec dégagement de chaleur et de lumière, le phénomène est tout à fait semblable à la combustion d'un corps dans l'oxygène. Chauffons, par exemple, dans un ballon de verre, un mélange de soufre et cuivre en tournure; le soufre fond, se réduit en vapeur et, à un moment donné, nous voyons le cuivre devenir incandescent. Le métal s'est transformé en sulfure de cuivre. Introduisons un mélange intime de soufre, de limaille de fer et d'eau tiède dans un petit flacon dont nous fermerons ensuite le goulot avec un bouchon muni d'un tube effilé. Au bout de quelques instants, la vapeur d'eau s'échappera avec violence par le tube effilé. Le soufre et la limaille de fer se sont combinés avec un grand dégagement de chaleur, mais sans incandescence cette fois pour former un sulfure de fer, et la chaleur dégagée dans la réaction a servi à volatiliser l'eau[1]. Ces expériences, et bien d'autres encore que nous pourrons faire en étudiant les métaux, ont conduit à rapprocher le soufre de l'oxygène.

75. Usages. — Le soufre sert à fabriquer l'anhydride sulfureux et l'acide sulfurique, les allumettes chimiques et la poudre de chasse. On se sert quelquefois du soufre pour sceller le fer dans la pierre, pour faire des moules pour médailles.

Il est employé en médecine pour le traitement des maladies de la peau. La fleur de soufre est employée en agriculture au *soufrage* de la vigne atteinte de *l'oïdium*. Il sert à préparer des mèches soufrées que l'on brûle dans les tonneaux destinés à conserver les liquides alcooliques.

Un à deux centièmes de soufre incorporés au caoutchouc donnent le caoutchouc *vulcanisé*. Le caoutchouc non vulcanisé se ramollit lorsque la température s'élève, et les lames minces em-

1. Cette expérience est connue sous le nom d'expérience du *Volcan de Lémery*. Nicolas Lémery, né à Rouen en 1655, professa la chimie avec éclat à Paris.

ployées à la confection des vêtements se colleraient entre elles ou adhéreraient aux étoffes ; la vulcanisation, tout en conservant au caoutchouc la souplesse et l'élasticité, l'empêche de se ramollir sous l'action de la chaleur.

COMPOSÉS OXYGÉNÉS DU SOUFRE.

ANHYDRIDE ET ACIDE SULFUREUX.

2 vol. de vapeur de soufre et 2 vol. d'oxygène forment 2 vol. d'anhydride sulfureux.

On doit distinguer l'anhydride ou gaz sulfureux SO^2 et l'acide sulfureux SO^3H^2 ; ce dernier, qui est contenu dans la dissolution aqueuse de l'anhydride, mais qui n'a pu être isolé, est défini par ses sels, les *sulfites*.

76. Préparation. — 1° Le soufre, en brûlant aux dépens de l'oxygène de l'air, donne l'anhydride sulfureux. C'est ainsi que l'on préparait exclusivement autrefois le gaz sulfureux dans l'industrie.

Mais le soufre est d'un prix assez élevé ; on trouve dans le sol de grandes quantités d'une combinaison de fer et de soufre, la *pyrite* FeS^2, qui, chauffée au rouge dans un courant d'air, laisse dégager de l'anhydride sulfureux en se transformant en sesqui-oxyde de fer Fe^2O^3. Ce procédé de préparation est aujourd'hui presque partout substitué à la combustion du soufre, dans la grande industrie. Toutefois l'anhydride sulfureux ainsi obtenu se trouve mélangé à l'azote de l'air, ce qui ne présente aucun inconvénient pour les applications industrielles.

2° Lorsque, dans les laboratoires, on veut préparer le gaz sulfureux pur, on désoxyde partiellement l'acide sulfurique à l'aide d'un métal ou d'un métalloïde convenablement choisi.

On introduit dans un ballon de la tournure de cuivre et de l'acide sulfurique concentré. Au bouchon se trouvent fixés un tube en S et un tube de dégagement qui permet de recueillir le gaz sur la cuve à mercure (fig. 45). On chauffe légèrement ; le cuivre est transformé en sulfate :

$$Cu + 2SO^4H^2 = SO^4Cu + SO^2 + 2H^2O.$$

On pourrait substituer avantageusement le mercure au cuivre. Le charbon, chauffé avec de l'acide sulfurique, le réduit partiel-

lement et forme du gaz carbonique en même temps que du gaz
sulfureux :

$$C + 2SO^4H^2 = CO^2 + 2SO^2 + 2H^2O.$$

Ces deux gaz se dégagent donc simultanément et l'on ne connaît aucun moyen d'arrêter l'anhydride carbonique seul. Mais
c'est cette réaction que l'on utilise pour préparer la dissolution
d'acide sulfureux. L'appareil dont on se sert est identique à celui

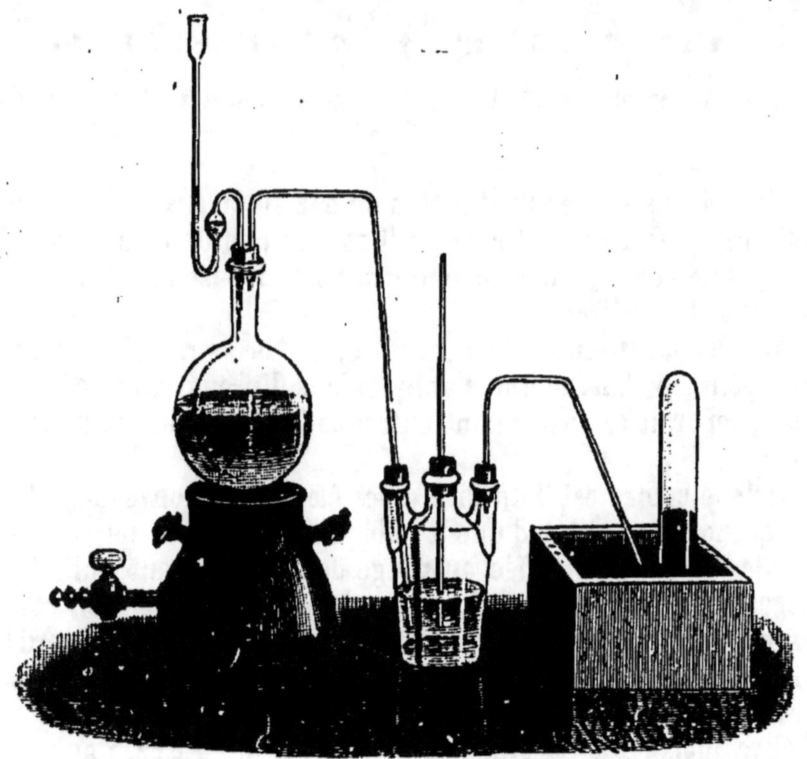

Fig. 45. — Préparation de l'anhydride sulfureux.

que nous venons de décrire : on introduit dans un ballon des
fragments de charbon de bois et de l'acide sulfurique; en chauffant légèrement, on obtient un dégagement régulier de gaz. On
fait plonger le tube de dégagement au fond d'un flacon rempli
d'eau *récemment bouillie*. Cette dissolution contiendra de l'acide
carbonique, qui ne peut nuire dans les circonstances où on
emploie l'acide sulfureux.

77. Propriétés physiques. — L'anhydride sulfureux est un
gaz incolore, doué d'une odeur vive et piquante qui provoque la
toux. Sa densité est 2,22 (32 fois celle de l'hydrogène).

Liquéfaction de l'acide sulfureux anhydre. — Usages de ce liquide. — Nous avons vu (15) que le point d'ébullition de l'eau est fixe quand la pression sous laquelle on opère est fixe elle-même; que si cette pression augmente le point d'ébullition augmente. C'est là un fait général : chaque liquide bout à point fixe sous une pression fixe s'il n'est pas un mélange, que ce soit un corps simple, que ce soit une combinaison (la réciproque n'est point exacte quoique assez souvent vérifiée); de plus la pression venant à croître la température d'ébullition du liquide s'élève.

Voici les températures d'ébullition de SO^2 sous les pressions suivantes.

(évaluées en mm. de mercure).

— 30	287 millimètres.
— 15	608 —
— 8	760 soit 1 atm.
— 0	1165 —
+ 15	2065 —
+ 25	2920, etc.

A une température inférieure à son point d'ébullition, sous la pression qu'il supporte, un gaz se transforme en liquide. Il suit de là que

Si on envoie de l'anhydride sulfureux dans un vase ouvert à l'air, dans une salle où la pression est de 1 atmosphère, et qu'à l'aide d'un mélange de glace et de sel on refroidisse ce gaz au-dessous de — 10°, le gaz se liquéfiera. L'expérience est facile à réaliser dans les laboratoires.

Dans l'industrie on s'y prend autrement. On comprime le gaz à trois atmosphères; à cette pression l'anhydride liquide bout vers + 18°. Si la température du gaz est seulement + 15°, il se liquéfiera.

L'anhydride liquéfié est un produit industriel qui, par petites quantités, est livré dans des siphons à eau de Seltz. Le liquide qu'ils renferment est à la température de la salle où séjourne le siphon. Il règne à l'intérieur, dans nos climats, une pression de 2 à 4 atmosphères suivant la température de la salle.

Un litre d'anhydride liquide fournit environ 500 litres d'anhydride gazeux, en sorte que sous la forme liquide l'anhydride sulfureux est beaucoup plus portatif qu'à l'état gazeux.

Lorsqu'on ouvre la soupape du siphon, le liquide, par suite de la pression intérieure, est projeté au dehors. Dans la salle où il se trouve, la pression est généralement de 1 atmosphère et la température est supérieure à — 8°. Le liquide se met alors à bouillir et comme la température de ce liquide en ébullition est — 8°, si on plonge à l'intérieur un tube de verre fermé à un bout contenant de l'eau, on verra bientôt cette eau se geler. On voit comment on pourra utiliser l'anhydride liquide dans la fabrication de la glace.

Si à l'aide de machines à faire le vide on diminue la pression au-dessus de ce liquide, on verra sa température s'abaisser. A la pression de 287 millimètres le liquide bouillant ne sera plus qu'à 30° au-dessous de zéro. En diminuant encore la pression on atteindra jusqu'à — 60°. A cette température il sera facile de congeler du mercure qui fond à —40°.

On peut, mais le moyen est moins énergique et moins économique, au lieu de faire le vide au-dessus du liquide, faire passer un courant d'air à l'intérieur. L'expérience étant plus facile à monter de cette façon, c'est comme cela qu'on la réalise habituellement dans les laboratoires :

L'anhydride liquide est placé dans un large tube dont le bouchon laisse passer trois tubes : un tube en verre mince bouché à son extrémité inférieure, renfermant du mercure; un tube étroit qui plonge au sein de l'anhydride sulfureux, et un tube de dégagement qui entraînera les vapeurs au delà de la pièce où l'on opère. On fait passer à travers de l'anhydride un rapide courant d'air *sec*, à l'aide d'une soufflerie. Mais la vapeur d'eau de l'atmosphère, en se condensant sur les parois froides du tube, empêcherait de saisir le moment où la solidification du mercure est obtenue; pour empêcher cette vapeur de se condenser, on fait plonger l'appareil dans un flacon ou une éprouvette renfermant une matière desséchante, de l'acide sulfurique par exemple (fig. 46).

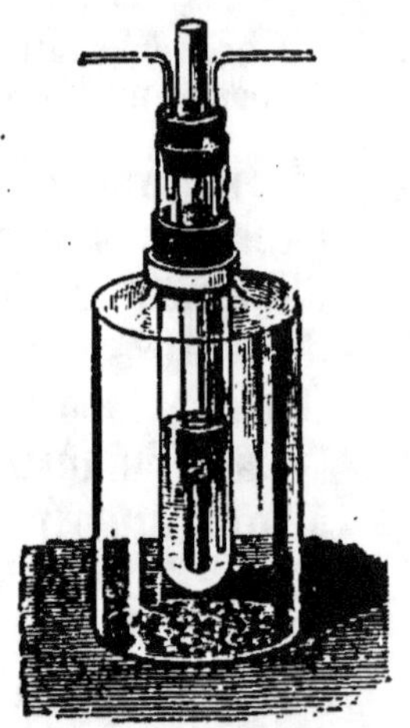

Fig. 46. — Congélation du mercure.

Lorsque, en remuant l'appareil, on observe que la surface libre du mercure reste immobile, la solidification est obtenue. On casse le tube et on peut marteler pendant quelques minutes le mercure solide avec un maillet en bois.

L'anhydride sulfureux solide fond à — 75°.

Acide sulfureux. — L'anhydride sulfureux est très soluble dans l'eau, qui en dissout environ 50 fois son volume vers 15°. La dissolution rougit le tournesol; elle réagit comme un acide vis-à-vis des bases fortes, potasse et soude, et forme des sels cristallisables (*sulfites*).

Un métal alcalin, tel que le potassium, donne deux sulfites

Un sulfite neutre . . . . SO^3K^2,
—   acide. . . . . SO^3HK.

Bien qu'on n'ait pu isoler l'acide sulfureux, on peut dire que la dissolution contient un *acide sulfureux* SO^3H^2, dont la formule se déduit de celles des sulfites neutres alcalins par la substitution de 2 atomes d'hydrogène à 2 atomes de métal.

78. Action de l'oxygène et des corps oxydants. — 1° *Anhydride sulfureux.* — Les deux gaz secs ne réagissent pas l'un sur l'autre, à quelque température que ce soit. Mais si on fait passer les deux gaz, dans le rapport de 2 volumes d'acide sulfureux pour 1 volume d'oxygène, sur de la mousse de platine légèrement chauffée, il se dégage des fumées blanches d'anhydride sulfurique SO^3, que l'on condense dans un vase bien sec et refroidi avec de la glace.

2° *Acide sulfureux.* — Mais, en présence de l'eau, l'acide sulfureux est peu à peu transformé, par l'oxygène, en acide sulfurique :

$$SO^2 + 2O + H^2O = SO^4H^2.$$

Aussi une dissolution d'acide sulfureux doit-elle être conservée dans des flacons bien bouchés, toujours pleins, et se sert-on d'eau débarrassée d'air par l'ébullition pour la préparer.

Cette tendance que possède l'acide sulfureux à se transformer, en présence de l'eau, en acide sulfurique, est encore accusée par l'action désoxydante que ce corps exerce sur un certain nombre de composés oxygénés : on dit que l'acide sulfureux est un *réducteur.* C'est ainsi qu'il réagit sur l'acide azotique en se transformant en acide sulfurique.

Préparations de l'acide sulfurique. — En introduisant des quantités convenables d'anhydride sulfureux, d'air, d'eau et d'acide azotique dans de grandes chambres de plomb, on obtient industriellement la production rapide de l'acide sulfurique. La quantité d'acide azotique utilisée est très petite par rapport à la quantité d'acide sulfurique produite.

On fait également dans l'industrie l'acide sulfurique avec son anhydride (81).

79. Action sur les matières colorantes. — L'acide sulfureux décolore un grand nombre de matières végétales ou animales.

Si l'on verse une dissolution d'acide sulfureux dans de l'eau additionnée de quelques gouttes de teinture de tournesol, ce liquide rougit, puis se décolore. Des violettes, une rose que l'on plonge dans cette dissolution ou dans un flacon renfermant du gaz sulfureux, sont décolorées. Cependant, dans ce cas, la matière colorante ne paraît pas détruite. Si l'on plonge en effet les violettes dans de l'eau acidulée par de l'acide sulfurique, elles se

colorent en rose comme si on les traitait directement par l'acide
étendu : lavées avec de l'eau ammoniacale, elles verdissent.

Mais il n'en est plus de même dans d'autre cas. La laine et la
soie sont blanchies, dans l'industrie, par le gaz sulfureux. La
laine humide est suspendue dans de vastes chambres bien closes,
dans lesquelles on fait brûler du soufre. La laine, au sortir de
ces salles, est exposée à l'air, puis passée dans un bain de savon.

80. Applications. — Les applications de l'anhydride sulfureux
sont nombreuses. Dans la grande industrie chimique, ce gaz sert
à la préparation de l'acide sulfurique.

Il sert à décolorer la laine, la soie, la paille, les plumes. On l'a
employé comme désinfectant, pour détruire les germes conta-
gieux, les insectes. On soufre les tonneaux dans lesquels on veut
conserver les liquides alcooliques (vin, bière, cidre), c'est-à-
dire que l'on brûle dans ces tonneaux des mèches soufrées. On
détruit ainsi les organismes inférieurs qui, se développant dans
le liquide alcoolique, le transformeraient en vinaigre. On l'applique en fumigations au traitement des maladies de la peau.

Pour éteindre un feu de cheminée, on jette dans le foyer quelques morceaux de soufre et on ferme soigneusement l'ouverture
avec des linges mouillés. Le soufre brûle aux dépens de l'oxygène
de l'air, et, comme l'anhydride sulfureux n'entretient pas la combustion, celle-ci s'arrête en très peu de temps.

Enfin, le froid produit par l'évaporation de l'anhydride sulfureux liquide a été appliqué à la préparation industrielle de la
glace (système Pictet).

ANHYDRIDE SULFURIQUE, SO^3.

81. Préparation. Propriétés. — Nous avons vu qu'on obtenait de l'anhydride sulfurique lorsqu'on faisait un mélange de
gaz sulfureux et d'oxygène bien secs sur de la mousse de platine
chauffée vers 300°.

$$SO^2 + O = SO^3.$$

On recueille dans un récipient sec, entouré de glace, de fines
aiguilles blanches, soyeuses, fondant à 18° et bouillant à 46°.

Dans la préparation, il ne faut pas dépasser beaucoup 300°,
car vers 450° l'anhydride sulfurique est décomposé en régénérant
les corps qui ont servi à le faire :

$$SO^3 = SO^2 + O.$$

Joly. — Précis de Chimie.

L'anhydride sulfurique est très-avide d'eau. Lorsqu'on en projette dans l'eau une petite quantité, il se dissout instantanément en faisant entendre le bruit d'un fer rouge que l'on plonge dans l'eau, et la température du liquide s'élève.

Si on mélange les deux corps dans la proportion de 80 grammes d'anhydride pour 18 grammes d'eau, ils se combinent et on obtient ainsi l'acide sulfurique

$$SO^3 + H^2O = SO^4H^2.$$

Ce procédé de préparation de l'acide sulfurique est industriel.

ACIDE SULFURIQUE, SO^4H^2.

Sous le nom d'acide sulfurique, on trouve dans le commerce non seulement l'acide sulfurique proprement dit SO^4H^2, mais aussi des mélanges de cet acide avec de l'eau ou au contraire avec de l'anhydride sulfurique.

L'acide sulfurique était connu au xiiie siècle sous le nom d'huile de vitriol[1]. On l'obtenait en effet en décomposant par la chaleur certains sulfates humides tels que le sulfate de fer SO^4Fe ; à cette époque, les sulfates s'appelaient des vitriols ; on les distinguait par leur couleur. Le sulfate de fer était le vitriol vert.

82. Propriétés physiques. — L'acide sulfurique pur est solide jusqu'à $+ 10^\circ,5$, température à laquelle il fond.

L'addition d'une *petite* quantité d'eau ou d'anhydride sulfurique le rend beaucoup plus difficile à congeler. L'acide renfermant 1, 5 pour cent d'eau ne se solidifie plus avant — 34° ; on trouve bien dans le commerce l'acide fondant à 10°, mais on a plus habituellement des acides contenant un peu d'eau et difficiles à congeler. Ce sont des mélanges d'où par congélation fractionnée on peut retirer de l'acide pur. Ce procédé de purification est employé industriellement. On facilite toutefois l'opération en ajoutant au mélange d'eau et d'acide un peu d'anhydride sulfurique ; celui-ci se combine à l'eau présente en donnant de l'acide sulfurique. On remplace donc ainsi l'impureté (l'eau) par le corps à obtenir.

A la température ordinaire, l'acide est un liquide incolore, inodore, de consistance huileuse. Sa densité est 1, 842.

L'addition d'eau fait baisser cette densité ; aussi, pour savoir

1. On le préparait à cette époque par la distillation du sulfate de fer ou vitriol vert.

si un mélange d'acide sulfurique et d'eau est concentré, on n'a qu'à mesurer la densité du mélange; plus elle est voisine de 1 et plus il y a d'eau.

Emploi de l'aréomètre de Baumé. — Pour les besoins du commerce, on utilise l'aréomètre de Baumé. Rappelons que c'est un flotteur en verre lesté de façon à s'enfoncer presque totalement quand on le plonge dans l'eau pure (fig. 47).

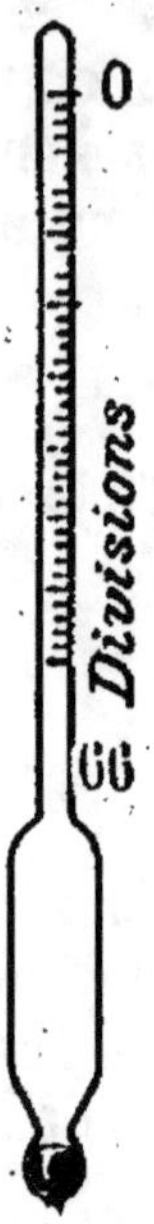

Plongé dans un liquide plus lourd que l'eau, il s'enfonce d'autant moins que le liquide est plus dense. L'instrument porte une graduation empirique. A l'endroit où il émerge de l'eau pure on fait un trait qu'on numérote 0; le trait indiquant l'endroit où il sort de l'acide sulfurique concentré est numéroté 66. L'intervalle entre les deux traits est divisé en 66 parties égales. Dans un acide étendu d'eau l'instrument s'enfonce jusqu'à un trait intermédiaire entre 0 et 66.

Il ne faut pas croire que chaque division correspond à une augmentation d'acide de $\frac{100}{66}$ pour 100. Avant d'utiliser l'appareil, on fait une série de mélanges d'eau et d'acide de composition connue; on y plonge l'instrument et on note chaque fois ce qu'il indique; l'ensemble de ces indications forme ce que l'on appelle une table. On s'y reporte quand on a un essai à faire. Voici un fragment de cette table (le liquide étant à la température de + 15°.) Nous y avons indiqué les degrés marqués par les mélanges que l'on trouve tout faits dans le commerce.

Fig. 47.
Aréomètre
Baumé.

Degrés marqués par l'aréomètre Baumé.	Quantité d'acide pour cent.
66	100
60	78,1
52	65,5
42	51,2

Supposons que dans un acide commercial l'aréomètre Baumé s'enfonce jusqu'au trait 60. On dira que cet acide est à 60° B. En se reportant à la table on verra que cet acide contient seulement 78,1 pour 100 d'acide pur SO^4H^4.

83. Action de la chaleur. — Un acide étendu d'eau soumis à l'action de la chaleur se concentre par distillation fractionnée. Partons d'un acide excessivement étendu; l'ébullition commencera vers 100°, le liquide distillant à ce moment ne contiendra guère que de l'eau pure. Cette eau s'en allant, l'acide se concentre, le point d'ébullition s'élève et le liquide distillé devient de plus en plus riche en acide. L'acide à 52° B bout vers 150°, le liquide qui distille alors ne renferme qu'un millième d'acide sulfurique. On peut concentrer l'acide jusqu'à 62° B dans des vases en plomb. Au delà, l'acide attaquerait le plomb, qui d'ailleurs finirait par fondre (à 330°). On distille alors dans des vases de verre ou de platine. Quand l'acide se concentre de façon à passer de 62° B à 65°75 B, la température d'ébullition s'élève de 210° à 338° centigrades. Le liquide distillé pendant ce temps marque 42° B; il vaut donc la peine d'être recueilli. Quant à l'acide bouillant à 338°, il contient encore 1,5 pour 100 d'eau, mais cette eau ne peut plus être éliminée par distillation (tout distille à la fois); d'ailleurs, on peut éliminer cette eau par congélation fractionnée comme il vient d'être dit (81).

L'acide pur, bien exempt d'eau, commence à se décomposer déjà vers 40°. Il se transforme partiellement en un mélange d'anhydride et d'eau (ces deux corps, qui se combinent si violemment ensemble à la température ordinaire, sont sans action l'un sur l'autre vers 450°, et ne se combinent que partiellement à partir de 40°). L'acide pur chauffé à 40° émet déjà des vapeurs; ces vapeurs ne contiennent guère que de l'anhydride, l'eau formée en même temps reste avec l'acide. On arrive ainsi assez vite à l'acide à 1,5 pour cent d'eau qui bout à 338°. Aussi les acides concentrés au maximum par distillation renferment tous 1,5 pour 100 d'eau. Vers 440° l'acide (qui est gazeux depuis 338°) est presque totalement décomposé en anhydride et eau; comme par refroidissement ces deux corps se recombinent en régénérant l'acide, on n'est averti de cette décomposition que par certaines mesures physiques. Au rouge vif la décomposition est plus complète, car à cette température l'anhydride se décompose en acide sulfureux et oxygène.

Lorsqu'on fait passer des vapeurs d'acide sulfurique dans un tube de porcelaine chauffé au rouge vif, on recueille de l'oxygène, de l'anhydride sulfureux et de la vapeur d'eau est mise en liberté :

$$SO^4H^2 = SO^2 + O + H^2O.$$

Les volumes de gaz sulfureux, et d'oxygène recueillis sont dans le rapport de 2 à 1.

84. Propriétés chimiques. — L'acide sulfurique est un acide énergique; il suffit d'une goutte de cet acide, même dilué dans une grande quantité d'eau, pour communiquer à la teinture bleue de tournesol une coloration rouge pelure d'oignon.

. Le mélange de l'acide sulfurique et de l'eau est accompagné d'un dégagement de chaleur considérable; si le mélange est fait dans le rapport de 4 parties d'acide et de 1 partie d'eau, la température peut s'élever jusqu'à 100°. Lorsqu'on veut étendre d'eau l'acide sulfurique, il faut avoir soin de verser l'acide dans l'eau, goutte à goutte, en remuant avec une baguette de verre. Si l'on versait l'eau dans l'acide concentré, chaque goutte d'eau se vaporiserait en tombant et projetterait l'acide, qui pourrait blesser l'opérateur.

La glace fond au contact de l'acide sulfurique. Mais, si la chaleur absorbée par la fusion de la glace est supérieure à la chaleur fournie par l'hydratation de l'acide, on observe un abaissement de température. Pour un mélange de 4 parties de glace et de 1 partie d'acide, la température peut s'abaisser à 16° au-dessous de 0°. Tout au contraire, on obtiendrait une élévation de température d'environ 90° en mélangeant une partie de glace et 4 parties d'acide.

L'acide sulfurique absorbe la vapeur d'eau. Pour dessécher les gaz, on les fait passer dans des tubes en U ou dans des éprouvettes à pied renfermant de la pierre ponce imbibée d'acide sulfurique. Lorsqu'on veut évaporer rapidement une dissolution saline, on la place dans un vase large au-dessus d'un vase renfermant de l'acide sulfurique, sous une cloche dans laquelle on fait le vide.

L'acide sulfurique auquel on ajoute 1 molécule d'eau forme un hydrate $SO^4H^2 + H^2O$, solide au-dessous de $+ 8°$. Les cristaux de cet hydrate se déposent facilement pendant les froids de l'hiver dans les flacons ou touries renfermant de l'acide sulfurique commercial qui a absorbé peu à peu de la vapeur d'eau par suite d'une fermeture imparfaite des vases.

L'acide sulfurique est facilement décomposé sous l'action de la chaleur par un grand nombre de métalloïdes, qui lui prennent de l'oxygène pour s'y combiner. Généralement la décomposition donne naissance à de l'anhydride sulfureux et de l'eau ; et comme

$$SO^4H^2 = SO^2 + H^2O + O,$$

on voit que, dans de tels cas, une molécule d'acide fournit un atome d'oxygène.

L'hydrogène, lentement à froid (M. Berthelot), rapidement au rouge, réduit l'acide sulfurique. Comme cet hydrogène se transforme en eau et que la formule de l'eau est H^2O, on écrira que 2 H prennent 1 atome d'oxygène, c'est-à-dire ce que fournit SO^4H^2. La formule sera :

$$SO^4H^2 + 2H = SO^2 + 2H^2O.$$

Le soufre réduit l'acide sulfurique à l'ébullition. Comme un atome de soufre prend, en s'oxydant, 2 atomes d'oxygène et qu'une molécule d'acide n'en donnerait que 1, la formule s'écrira :

$$2SO^4H^2 + S = 3SO^2 + 2H^2O.$$

M. Pictet a indiqué ce mode de préparation de l'anhydride sulfureux.

Le charbon de bois réduit également l'acide sulfurique à chaud en donnant de l'anhydride carbonique CO^2. On voit que la réaction portera sur deux molécules d'acide :

$$2SO^4H^2 + C = CO^2 + 2SO^2 + 2H^2O.$$

L'acide sulfurique carbonise le bois; il détermine la formation de l'eau aux dépens de l'hydrogène et de l'oxygène de la matière organique et une partie de carbone est mise en liberté. Il corrode les tissus animaux; aussi la projection d'acide sulfurique sur les mains ou la figure doit-elle être soigneusement évitée. Dans le cas d'un accident de ce genre, un lavage à l'eau ammoniacale très étendue doit être immédiatement pratiqué.

85. Sulfates. — *Production à l'aide des métaux.* — L'acide étendu d'eau attaque tous les métaux, à l'exception du plomb, du cuivre, de l'argent, du mercure, de l'or et du platine, avec dégagement d'hydrogène. S'il est concentré et chaud, il attaque le plomb, le cuivre, le mercure et l'argent, mais il ne se dégage plus d'hydrogène; on a à la place de l'anhydride sulfureux (76).

On peut interpréter ce fait en disant que l'hydrogène, déplacé au moment où il prendrait naissance, réduit l'acide sulfurique chaud comme il a été dit ci-dessus (83).

Dans l'action de tous ces métaux on a obtenu des sulfates, c'est-à-dire que l'hydrogène de l'acide a été remplacé par le métal mis en œuvre. On prépare ainsi industriellement les sulfates de zinc, de fer, de cuivre.

Production à l'aide des bases. — Il y a bien d'autres façons d'obtenir des sulfates. Un procédé très général, c'est l'emploi des bases.

En réagissant avec les bases, l'acide sulfurique forme des sulfates et de l'eau. Ainsi versons, dans une dissolution étendue d'acide sulfurique rougie par quelques gouttes de teinture de tournesol, de la soude jusqu'à ce que la teinture végétale redevienne bleue; on aura la réaction

$$SO^4H^2 + 2NaOH = SO^4Na^2 + 2H^2O,$$

et, en évaporant la liqueur, on fera cristalliser le sulfate de sodium : c'est le sulfate *neutre*.

Ce n'est point le seul sulfate de sodium. En présence d'une quantité de soude deux fois plus petite, la réaction a lieu conformément à la formule

$$SO^4H^2 + Na\,OH = SO^4HNa + HOH.$$

Le corps SO^4HNa ainsi obtenu est un sulfate, c'est-à-dire qu'on e dérive de l'acide sulfurique en y remplaçant de l'hydrogène par un métal) mais comme il renferme encore de l'hydrogène remplaçable par un métal (puisqu'on obtient SO^4Na^2 en ajoutant de nouveau de la soude), c'est encore un acide. On l'appelle sulfate de sodium acide. On l'appelle aussi bisulfate de sodium, parce qu'avec une quantité de soude déterminée il faut deux fois plus d'acide pour obtenir le sulfate SO^4NaH que pour obtenir le sulfate SO^4Na^2.

Bibasicité de l'acide sulfurique. — L'hydrogène remplaçable par un métal peut donc ici être remplacé par moitié, c'est cette propriété qu'on traduit en disant que l'acide sulfurique est *bibasique*. Il est évident qu'il serait beaucoup plus naturel de dire que l'acide sulfurique est un biacide.

Formule des sulfates. — Le poids atomique du sodium a été choisi, pour des raisons que nous ne développerons pas, égal à 23. Or, 23 grammes de sodium remplacent dans les acides 1 gramme d'hydrogène. Il suit de là que dans les formules Na remplace H. Il n'en est plus de même quand il s'agit du calcium. Ca a été pris égal à 40. Or, 40 grammes de calcium remplacent 2 grammes d'hydrogène en sorte que Ca remplace 2 H; la formule du sulfate de calcium neutre sera donc SO^4Ca et non SO^4Ca^2. Un atome de potassium, de sodium, d'argent, remplace ainsi un atome d'hydrogène, on dit que ces métaux sont *univalents*. Un atome de calcium, de zinc, et fréquemment un atome de fer ou de cuivre remplacent deux atomes d'hydrogène. On dit alors que ces métaux sont *bivalents*.

Solubilité des sulfates. — La plupart des sulfates sont solubles dans l'eau. Le sulfate de calcium y est peu soluble (2 grammes par litre environ.) Le sulfate de plomb SO^4Pb et le sulfate de baryum SO^4Ba y sont insolubles.

L'addition d'un sel de baryum dissous à une solution d'acide sulfurique (ou d'un de ses sels) est suivie immédiatement de la production de sulfate de baryum. Ce corps étant insoluble, on voit le liquide limpide se troubler et une poudre blanche tomber au fond du vase. On dit qu'il s'est fait un *précipité* de sulfate de baryum. Le poids de ce corps étant proportionnel au poids d'acide (ou de sulfate) présent, on n'a qu'à recueillir le précipité sur un filtre, le laver, le sécher et le peser pour déterminer le poids de l'acide. Il faut néanmoins que la précipitation ait été complète, c'est-à-dire qu'on ait ajouté assez d'azotate de baryum. Un excès de ce corps ne gêne pas car il reste dissous. On ajoutera donc de l'azotate tant qu'on verra le trouble augmenter.

86. Acidimétrie. — L'expérience a montré que le liquide rouge obtenu en mettant un peu de tournesol dans une solution aqueuse renfermant 98 grammes d'acide sulfurique devient bleu dès qu'on lui a ajouté plus de 80 grammes de soude, quand bien même on n'aurait dépassé les 80 grammes que d'une quantité excessivement petite.

A la suite de l'addition des 80 grammes de soude, les deux corps ont en effet disparu ; à leur place il s'est fait deux corps sans action sur le tournesol, le sulfate SO^4Na^2 et de l'eau H^2O, comme le rappelle la formule :

$$SO^4H^2 + 2\,NaOH = SO^4Na^2 + 2\,H^2O.$$
$$(SO^4H^2 = 98, \qquad NaOH = 40).$$

Si la solution n'avait renfermé que 49 grammes d'acide sulfurique, le *virage* se serait produit après l'addition de 40 grammes de soude et ainsi de suite. Autrement dit, la quantité de soude, qu'il faut mettre pour obtenir le virage, est proportionnelle au poids de l'acide.

On peut alors déterminer la quantité d'acide sulfurique contenue dans une dissolution aqueuse en ajoutant du tournesol, puis peu à peu de la soude jusqu'à l'apparition de la couleur bleue. Le poids de l'acide présent sera égal au poids de soude utilisée multiplié par le rapport $\frac{49}{40}$.

On ajoute d'habitude la soude sous forme de dissolution dans l'eau renfermant 40 grammes de soude par litre et on mesure le nombre de centimètres cubes de cette solution qu'il a fallu verser pour obtenir le virage. Le poids de l'acide en milligrammes est égal au produit de ce nombre par 49.

On peut de même déterminer la quantité de soude renfermée dans une dissolution additionnée de tournesol en mesurant la quantité d'acide sulfurique nécessaire pour faire virer le liquide au rouge. On fait alors de l'*alcalimétrie*.

Dans ces mesures 56 grammes de potasse peuvent remplacer 40 grammes de soude ($KOH = 56$).

87. Usages. — L'acide sulfurique est un des produits les plus importants de l'industrie chimique. La plupart des acides s'obtiennent en traitant un de leurs sels par l'acide sulfurique ; dans l'industrie on obtient ainsi les acides azotique, phosphorique, carbonique. Il sert encore à préparer l'hydrogène, les sulfates de sodium, d'aluminium, de fer, de cuivre, les aluns, l'éther, les engrais tels que les superphosphates; on l'utilise dans la fabrication des corps gras pour bougies, la fabrication du glucose, la teinture, l'épuration des huiles, des goudrons de houille, etc., etc. C'est, somme toute, l'acide énergique à bon marché.

88. Acides sulfuriques fumants. — En ajoutant de l'acide sulfurique anhydre à de l'acide sulfurique ordinaire, on obtient des mélanges vendus dans l'industrie sous le nom d'acides sulfuriques fumants. On indique généralement la quantité d'anhydride contenue. Ils sont liquides ou solides suivant cette quantité. On les utilise en particulier pour dissoudre l'indigo.

ACIDE SULFHYDRIQUE, H^2S.

89. Préparation. — Au contact des acides étendus, un certain nombre de sulfures métalliques (sulfures alcalins, sulfure de

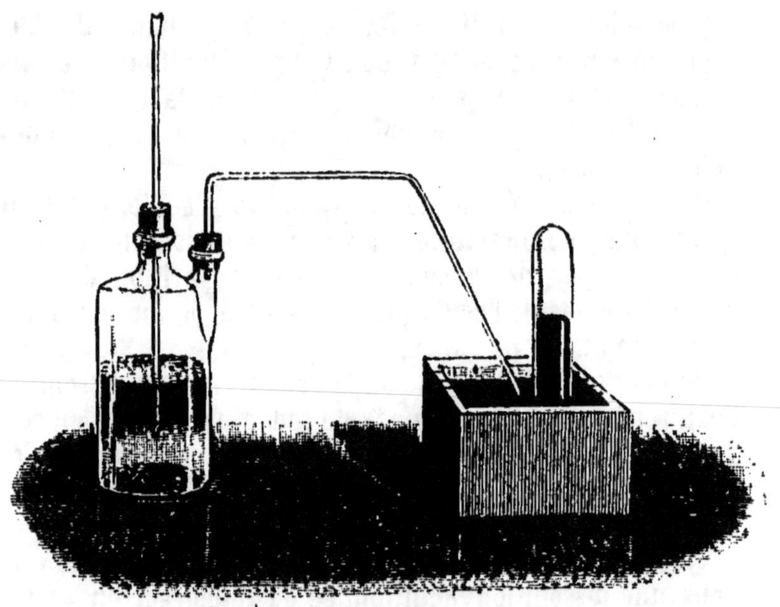

Fig. 18. — Préparation de l'acide sulfhydrique.

fer) dégagent un gaz doué d'une odeur désagréable, qui est l'acide sulfhydrique.

1° Pour préparer ce gaz, on introduit dans un flacon tubulé (fig. 48) des fragments de sulfure de fer, de l'eau et, par le tube à entonnoir, de l'acide sulfurique ou de l'acide chlorhydrique ; on recueille le gaz sur la cuve à mercure, car il est soluble dans l'eau.

$$FeS + SO^4 H^2 = SO^4 Fe + H^2 S,$$
$$FeS + 2H Cl = FeCl^2 + H^2 S,$$

Le sulfate et le chlorure de fer restent dissous dans l'eau du flacon.

Le gaz ainsi obtenu renferme presque toujours un peu d'hydrogène ; car le protosulfure de fer est un produit artificiel que l'on obtient en fondant dans un creuset 28 parties de fer en poids pour 16 de soufre. Il peut rester du fer non combiné qui, au contact de l'acide sulfurique étendu, dégage de l'hydrogène.

La présence de l'hydrogène n'offre aucun inconvénient lorsqu'il s'agit de faire passer le gaz dans une solution métallique dont on veut précipiter le métal à l'état de sulfure (90), ou de préparer la dissolution. Dans ce dernier cas, on fait plonger le tube de dégagement au fond d'un grand flacon rempli d'eau récemment bouillie.

90. Propriétés. — Gaz incolore, d'une odeur très désagréable. Sa densité est 1,19.

L'eau en dissout trois fois son volume à la température de 15° et 4 fois et demie à 8°.

L'hydrogène sulfuré, formé de deux éléments combustibles, est combustible. Il brûle avec une flamme bleue, et les produits de la combustion sont de l'acide sulfureux et de l'eau :

$$H^2 S + 3O = H^2 O + SO^2.$$

Pour que la combustion soit complète, il faut donc que deux volumes d'hydrogène sulfuré soient mélangés à trois volumes d'oxygène. Un mélange fait dans ces proportions détone au contact d'un corps incandescent.

Si l'oxygène est en quantité moindre, il se forme de l'eau et du soufre se dépose :

$$H^2 S + O = H^2 O + S.$$

C'est ce qui se produit lorsqu'on enflamme de l'hydrogène sulfuré à l'ouverture d'une éprouvette longue et étroite ; on observe alors sur les parois un dépôt de soufre très divisé.

La combustion de l'acide sulfhydrique en présence d'une quantité d'air bien réglée fournit, conformément à la formule précédente, de l'eau et du soufre. On utilise cette réaction industriellement pour obtenir du soufre. L'acide sulfhydrique est alors préparé en partant du sulfure de calcium et non du sulfure de fer.

En présence de l'eau, la même réaction a lieu à froid. Une dissolution d'acide sulfhydrique contenue dans un flacon incomplètement rempli, c'est-à-dire maintenue au contact de l'air, se trouble peu à peu et prend un aspect laiteux; elle contient alors en suspension du soufre très divisé.

La plupart des métaux décomposent l'hydrogène sulfuré sous l'action de la chaleur : tels sont le cuivre, l'argent, les métaux alcalins. En présence de l'humidité, l'argent est attaqué à la température ordinaire ; il noircit par suite de la formation d'un sulfure noir d'argent.

En réagissant sur un certain nombre de dissolutions métalliques, l'hydrogène sulfuré donne des sulfures insolubles, ce qui permet de reconnaître dans beaucoup de cas la nature du métal formant le sel examiné. Nous ne citerons pour le moment que l'action exercée par ce gaz sur les sels de plomb, car elle est caractéristique. L'hydrogène sulfuré noircit les sels de plomb par suite de la formation d'un sulfure noir. On reconnaît, qu'un mélange de gaz contient de l'hydrogène sulfuré à ce caractère que, traversant une dissolution d'acétate de plomb incolore, il la noircit. On se sert aussi fréquemment, à cet effet, d'un papier à filtre imbibé d'une dissolution d'acétate de plomb, qui devient rapidement brun ou noir lorsqu'on le plonge dans une atmosphère renfermant quelques traces d'hydrogène sulfuré.

C'est à cause de la formation du sulfure noir de plomb que les peintures à base de céruse noircissent avec le temps.

CHAPITRE XI

ACIDE AZOTIQUE..

ACIDE AZOTIQUE ou NITRIQUE, AzO^3H.

91. Azotates de sodium et de potassium. — En Égypte, dans les Indes, après la saison des pluies, on voit sortir du sol des cristaux blancs disposés de façon à simuler une sorte de végétation. On dit qu'il s'est produit des efflorescences. On dissout ces cristaux dans l'eau, on filtre pour éliminer les impuretés et en évaporant le liquide filtré, on obtient une combinaison bien cristallisée, l'azotate de potassium AzO^3K appelé aussi nitre et salpêtre.

Des efflorescences du même genre se produisent dans nos climats à la surface des murs des caves, des écuries mal tenues, Elles sont formées surtout d'azotate de calcium, qu'on peut transformer en azotate de potassium par réaction sur le sulfate de potassium.

On trouve au Chili et au Pérou des gisements très importants d'azotate de sodium AzO^3Na. On utilise ce corps pour préparer l'acide azotique et l'azotate de potassium.

Aujourd'hui la majeure partie de l'azotate de potassium livré au commerce est préparée par double décomposition entre l'azotate de soude naturel et de chlorure de potassium. A une dissolution bouillante d'azotate de sodium on on ajoute un poids équivalent de chlorure de potassium ; on évapore le liquide et du sel marin se dépose, car ce sel est à peu près aussi soluble à chaud qu'à froid ; on enlève ce sel à mesure qu'il se dépose et le liquide se sature peu à peu d'azotate de potassium qui cristallise par refroidissement.

Les azotates sont solubles dans l'eau ; ceux de potassium, de sodium ou de calcium, sont des corps solides blancs. Ils cèdent facilement de l'oxygène sous l'action de la chaleur. Aussi un mélange d'un azotate avec un corps se combinant facilement à l'oxygène tel que le charbon, le soufre, forme une poudre capable de déflagrer, si on chauffe en un point.

La poudre noire est un mélange de charbon, de soufre et de salpêtre. Les feux de Bengale renferment des mélanges de ce genre.

Les azotates des métaux alcalins se formuleront

$$\text{Azotate de potassium} \qquad Az\,O^3\,K,$$
$$\text{—} \quad \text{de sodium} \qquad Az\,O^3\,Na,$$

c'est-à-dire que l'on obtient leurs symboles en remplaçant un atome d'hydrogène par un atome du métal univalent (5).

Si le métal est bivalent, on écrira :

$$\text{Azotate de calcium} \qquad (Az\,O^3)^2\,Ca,$$
$$\text{—} \quad \text{de cuivre} \qquad (Az\,O^3)^2\,Cu;$$

ici il a fallu doubler la formule de l'acide $(Az\,O^3)^2\,H^2$, car ce sont

Fig. 49. — Préparation de l'acide azotique.

2 atomes d'hydrogène qui sont remplacés par un atome de métal.

92. Préparation de l'acide azotique. — On introduit du nitrate de sodium dans des chaudières en fonte (fig. 49, 50), on ajoute de l'acide sulfurique et on chauffe modérément. Il se produit de l'acide azotique et du bisulfate de sodium. La réaction se formule :

$$SO^4H^2 + AzO^3Na = SO^4HNa + AzO^3H.$$

L'acide, volatil à la température de la chaudière, distille. On le recueille dans des bonbonnes en grès contenant de l'eau.

On n'obtient ainsi il est vrai que des mélanges d'eau et d'acide azotique. On vend couramment, sous le nom d'acide azotique, des mélanges renfermant de 32 à 47 pour 100 d'eau.

On peut acheter cependant un acide concentré, mais alors il

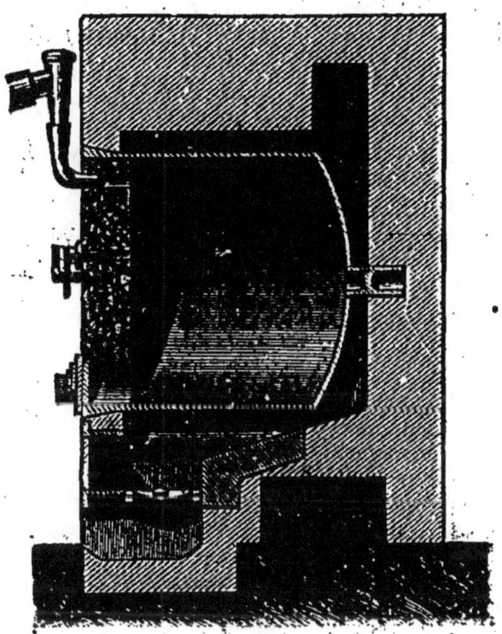

Fig. 50.

faut demander de l'acide azotique fumant. On l'obtient comme l'autre, mais on ne condense pas sa vapeur dans l'eau. Il est beaucoup moins usité par l'industrie que l'acide étendu.

93. **Propriétés physiques.** — L'acide azotique pur est un liquide qui se solidifie à — 47°. Il est ordinairement coloré en jaune par des traces de peroxyde d'azote AzO^2 et ses vapeurs, au contact de l'humidité atmosphérique, forment des fumées blanches : de là le nom d'acide azotique *fumant* qu'on lui donne quelquefois. Ces vapeurs sont dangereuses à respirer. Sa densité est 1,52.

Lorsqu'on distille cet acide, il se décompose partiellement en peroxyde d'azote AzO^3, oxygène et eau. La température indiquée par un thermomètre plongé dans la vapeur s'élève peu à peu de 80° jusqu'à 123°, qui est la température d'ébullition du mélange à 32 pour 100 d'eau qu'on appelle improprement d'ailleurs l'acide quadrihydraté.

On voit par cet exemple, qui est loin d'être unique, que de ce qu'une substance ne bout pas à point fixe, on peut en conclure qu'à la température où elle se trouve c'est un mélange, mais qu'il n'en est pas forcément de même à une autre température. L'acide se décompose à 86°, mais en le distillant sous une pression très faible on abaisse son point d'ébullition et il passe alors presqu'à point fixe en ne se décomposant que très légèrement.

On voit aussi qu'un mélange peut bouillir à point fixe, par hasard, sous une pression donnée. Mais il ne bout plus à point fixe sous une pression différente de celle-là. L'acide quadrihydraté ne peut être analysé par distillation fractionnée sous la pression atmosphérique, mais il l'est sous les pression plus fortes ou plus faibles.

93. Propriétés chimiques. — L'acide azotique cède facilement à un grand nombre de corps simples ou composés une partie de son oxygène ; c'est un *oxydant* énergique.

Faisons passer dans un tube chauffé au rouge un mélange d'hydrogène et de vapeurs d'acide azotique, il en résultera de l'eau et un dégagement d'azote :

$$AzO^3H + 5H = Az + 3H^2O.$$

Mais si nous faisons passer le mélange sur de la mousse de platine légèrement chauffée, non seulement l'hydrogène s'empare de l'oxygène, mais encore il se combine avec l'azote pour donner un composé hydrogéné, l'ammoniaque :

$$AzO^3H + 8H = AzH^3 + 3H^2O.$$

On dispose l'expérience ainsi (fig. 51) : l'hydrogène traverse une éprouvette à pied renfermant de la pierre ponce imbibée d'acide azotique dont il entraîne les vapeurs : en passant sur de la mousse de platine légèrement chauffée dans un tube effilé, les vapeurs d'acide azotique et l'hydrogène réagissent et l'on constate qu'un papier rouge de tournesol, exposé aux vapeurs qui se dégagent par le tube effilé, bleuit, accusant ainsi la présence de l'ammoniaque.

L'acide azotique oxyde le carbone, le soufre, le phosphore. L'action exercée par l'acide azotique sur les métaux est particulièrement intéressante.

Seuls l'or et le platine ne sont pas attaqués, mais les autres métaux fournissent, comme on doit s'y attendre, des azotates. Ils déplacent l'hydrogène, et c'est à ce caractère qu'on reconnaît la fonction acide de l'acide azotique.

Seulement il ne se produit jamais d'hydrogène; on obtient des produits de désoxydation de l'acide azotique.

Introduisons, par exemple, dans un flacon tubulé du cuivre en tournure, puis versons par le tube à entonnoir de l'acide azotique

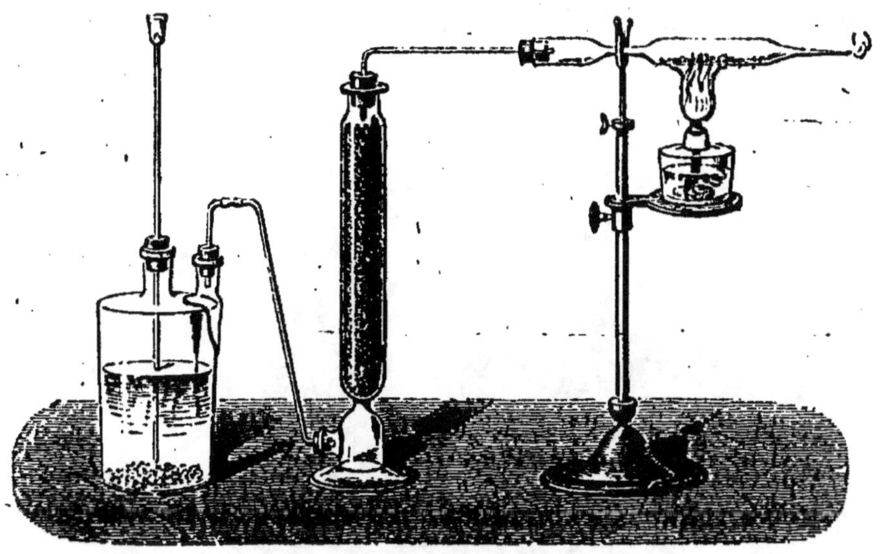

Fig. 51. — Action de l'hydrogène sur l'acide azotique en présence de mousse de platine.

étendu de deux fois son volume d'eau (fig. 52). Des bulles de gaz se dégagent que l'on peut recueillir sous l'eau dans une éprouvette, et le liquide prend une couleur bleue, qui est celle de l'azotate de cuivre.

Le gaz recueilli est incolore, c'est le *nitrosyle*, appelé aussi *oxyde azotique*[1] AzO.

On peut interpréter la réaction ainsi : le métal déplace l'hydrogène; celui-ci, au moment où il se formerait, réduit une portion de l'acide azotique présent. Le corps AzO n'est d'ailleurs pas le seul gaz prenant ainsi naissance. La formule

$$3Cu + 8AzO^3H = 3(AzO^3)^2Cu + 2AzO + H^2O$$

ne représente qu'une partie du phénomène. —

1. Cette dénomination, assez usitée, a l'inconvénient de prêter à confusion avec l'anhydride azotique Az^2O^5, qui est aussi un oxyde azotique.

L'oxyde AzO a une propriété curieuse : il suffit de soulever l'éprouvette qui le renferme de façon à mettre le gaz qu'elle contient au contact de l'air, pour observer immédiatement qu'il devient rouge. Le bioxyde d'azote s'unit en effet directement avec l'oxygène de l'air pour former le *peroxyde d'azote* AzO³ :

$$AzO + O = AzO^3.$$

Le peroxyde d'azote, gaz rouge dans les conditions ordinaires de température, constitue les *vapeurs rutilantes* qui se dégagent

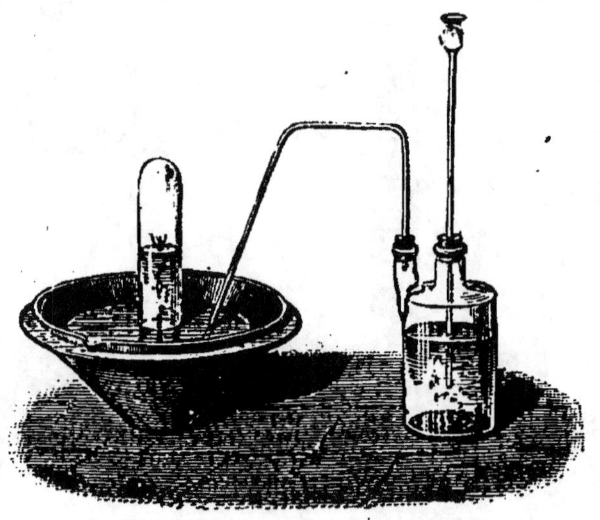

Fig. 52. — Préparation du nitrosyle.

dans un grand nombre de réactions où l'on fait intervenir l'acide azotique.

Versons, par exemple, sur de la tournure de cuivre contenue dans un verre à expérience, de l'acide azotique quadrihydraté ; immédiatement une réaction vive se produit et des *vapeurs ruti-lantes* se dégagent. La réaction est identique à celle qui a lieu dans le flacon tubulé de l'expérience précédente ; mais le bioxyde d'azote qui se dégage, rencontrant l'oxygène de l'air, s'unit à lui et forme du peroxyde d'azote. Cette réaction permet de reconnaître l'acide azotique lorsqu'il n'est pas trop étendu d'eau.

L'acide azotique monohydraté a, en général, moins d'action sur un métal que l'acide étendu ; c'est ainsi qu'il n'attaque pas l'étain, alors que l'acide azotique moyennement étendu réagit violemment.

95. Action sur les matières organiques. — L'acide azotique brûlé un grand nombre de matières organiques. Si l'on chauffe des crins, par exemple, avec de l'acide azotique fumant, un phénomène d'incandescence se produit, accusant la combustion de la matière animale par l'oxygène de l'acide.

L'action n'est pas toujours aussi vive. Ainsi les étoffes, la peau, sont corrodées par l'acide azotique concentré. Une goutte d'acide azotique qui tombe sur les vêtements y produit une tache jaune et au bout de quelque temps l'étoffe est détruite en ce point. La peau, la laine, la soie, sont jaunies par cet acide et détruites par un contact prolongé. La couleur bleue de l'indigo est détruite par l'acide azotique; ainsi, en versant quelques gouttes de cet acide dans une dissolution sulfurique d'indigo, on voit la coloration bleue disparaître, et le liquide devient jaune foncé. Si la dissolution d'indigo était très étendue, le liquide deviendrait incolore par l'addition d'acide azotique, la matière jaune qui a pris la place de la couleur bleue ayant un pouvoir colorant beaucoup plus faible.

Applications. — L'acide azotique est employé dans les arts industriels. Il sert à dissoudre un grand nombre de métaux et à préparer par conséquent des azotates. On s'en sert pour *dérocher*, c'est-à-dire dissoudre superficiellement le cuivre, le bronze, le laiton, de façon à enlever une couche superficielle d'oxyde qui se forme, au contact de l'air, lorsque, après les avoir fondus, on les coule.

Pour graver sur cuivre (*gravure à l'eau-forte*), on étend sur la planche métallique une mince couche de vernis sur laquelle on trace avec une pointe fine les traits du dessin de façon à mettre le métal à nu. Puis on le recouvre d'acide azotique étendu. L'acide *mord* le cuivre; on lave à l'eau, on dissout le vernis dans l'essence de térébenthine, et le dessin se trouve reproduit en creux.

L'acide azotique concentré, réagissant sur la glycérine, fournit un liquide violemment explosif appelé la nitro-glycérine. Un sable particulier, imprégné de nitro-glycérine, constitue la dynamite.

Le coton, traité par le même acide, fournit divers produits employés en particulier dans la fabrication des poudres sans fumée, du collodion, du celluloïde.

EAU RÉGALE.

96. L'or n'est attaqué ni par l'acide chlorhydrique, ni par l'acide azotique, mais un mélange de ces deux acides dissout ce métal. On a donné à ce mélange le nom d'*eau régale*.

Plaçons dans un ballon une mince feuille d'or et de l'acide chlorhydrique puis chauffons; chauffons de même dans un second ballon une feuille d'or et de l'acide nitrique : aucune action ne se manifeste de part et d'autre; mais, si nous mélangeons les deux liquides, l'or disparaît immédiatement, le liquide se teint en jaune, et émet des vapeurs rouges analogues aux vapeurs de peroxyde d'azote.

On peut admettre que, dans la réaction des deux acides, il s'est formé du chlore et du peroxyde d'azote :

$$Az\,O^5\,H + H\,Cl = Az\,O^4 + H^2\,O + Cl,$$

et que c'est le chlore qui dissout le métal.

L'eau régale sert à dissoudre l'or, qu'elle transforme en chlorure; c'est aussi le dissolvant du platine.

CHAPITRE XII

ACIDE ORTHOPHOSPHORIQUE. — PHOSPHORE.

ACIDE ORTHOPHOSPHORIQUE, PO^4H^3.

97. État naturel. — Le phosphore n'existe pas à l'état libre dans la nature : mais une de ses combinaisons avec l'oxygène et le calcium est un sel, le phosphate de calcium, qui entre dans la composition des os des animaux ou que l'on rencontre dans le sol, notamment dans les Ardennes et dans le Lot, où il est exploité pour les besoins de l'agriculture. Les liquides de l'organisme renferment divers phosphates, et c'est de l'urine que Brandt, de Hambourg, retira pour la première fois le phosphore en 1669. Les os des animaux renferment environ 60 pour 100 de phosphate de chaux; en 1769, Scheele parvint à extraire le phosphore dès os par un procédé que nous décrirons lorsque nous aurons étudié l'acide phosphorique, ce qui nous permettra de faire comprendre plus aisément les diverses phases de l'opération (100).

98. Propriétés physiques. — L'acide phosphorique obtenu en solution concentrée par les procédés décrits plus loin se dépose quelquefois par refroidissement, en cristaux incolores, déliquescents[1]. Mais, le plus souvent, on n'obtient ainsi qu'une masse sirupeuse qui peut conserver très longtemps l'état liquide, c'est-à-dire rester en *surfusion*. On fait cesser la surfusion en touchant l'acide avec un cristal de même composition. Les cristaux ont pour formule PO^4H^3; ils constituent l'acide *orthophosphorique*.

---

1. C'est-à-dire qu'à l'air les cristaux absorbent peu à peu la vapeur d'eau, deviennent humides, puis finissent par se dissoudre totalement dans l'eau absorbée ainsi.

Chauffé vers 212°, cet acide se transforme en un autre, l'acide *pyrophosphorique* $P^2O^7H^4$:

$$2PO^4H^3 = H^2O + P^2O^7H^4.$$

Enfin, au rouge sombre, il perd 1 molécule d'eau et il reste un liquide sirupeux, qui se solidifie en une masse transparente, ressemblant à du verre ; c'est l'acide *métaphosphorique* ou acide phosphorique vitreux PO^3H :

$$PO^4H^3 = H^2O + PO^3H.$$

Si l'on élève davantage encore la température, l'acide métaphosphorique se volatilise.

99. Propriétés chimiques. — L'acide *orthophosphorique* rougit

fortement le tournesol. En réagissant sur les bases, il donne des sels, des *phosphates*. Suivant les proportions de base et d'acide employées, 1, 2 ou 3 atomes d'hydrogène seront remplacés par 1, 2 ou 3 atomes d'un métal univalent : ainsi, la composition des sels de sodium (métal univalent) est représentée par les formules suivantes :

$$PO^4Na^3$$
$$PO^4HNa^2$$
$$PO^4H^2Na.$$

Il existe de même trois phosphates de potassium. Ainsi, dans cet acide, l'hydrogène, remplaçable par un métal, est remplaçable par tiers : c'est ce qu'on veut dire quand on dit que cet acide est tribasique.

Pour distinguer les divers phosphates d'un même métal, on dit : phosphate mono, di, tri, suivi d'un adjectif en *ique*, tiré du nom du métal suivant que 1/3, 2/3 ou 3/3 de l'hydrogène ont été remplacés par le métal. Ainsi le phosphate de sodium commercial est le corps PO^4Na^2H ou *phosphate disodique*.

Il y a trois phosphates de calcium; pour écrire leurs formules il faut tenir compte de ce que Ca remplace 2 H (84); le calcium est bivalent. On peut écrire les phosphates de calcium comme ceux de sodium, en mettant à la place de Na le symbole $\frac{Ca}{2}$. On évitera ce symbole fractionnaire en multipliant tous les exposants par 2. Les formules deviennent alors :

$$(PO^4)^2H^4Ca \quad \text{phosphate monocalcique.}$$
$$(PO^4)^2H^2Ca^2 \quad — \quad \text{dicalcique.}$$
$$(PO^4)^2Ca^3 \quad — \quad \text{tricalcique.}$$

Réaction des phosphates. — Les orthophosphates de potassium ou de sodium sont seuls solubles dans l'eau ; les phosphates de calcium sont solubles dans les acides étendus, ainsi que beaucoup d'autres.

1° Les dissolutions des phosphates alcalins donnent avec l'azotate d'argent un précipité jaune de phosphate triargentique PO^4Ag^3, soluble dans l'acide azotique ou dans l'ammoniaque.

2° Ces dissolutions donnent avec le chlorure de magnésium, en présence d'un excès de chlorhydrate d'ammoniaque et d'ammoniaque un précipité blanc, cristallin (*phosphate ammoniaco-magnésien*).

3° Dissous dans l'acide azotique, les phosphates de calcium donnent avec le molybdate d'ammoniaque un précipité jaune qui se rassemble lorsqu'on porte le liquide à l'ébullition. La totalité du phosphore est ainsi précipitée et cette réaction est la plus générale de celles que l'on peut appliquer à la recherche de l'acide phosphorique.

100. Préparation industrielle de l'acide phosphorique et des superphosphates. — Le phosphate tricalcique $(PO^4)^2Ca^3$ est très abondamment répandu dans la nature. En masses compactes, associé au carbonate de calcium, on le trouve dans le sol et on l'exploite soit pour faire des engrais, soit pour la préparation de l'acide phosphorique et du phosphore.

1° Pour préparer l'acide phosphorique, on mélange le phosphate de calcium naturel finement pulvérisé avec de l'acide sulfurique étendu, dans des cuviers en plomb. Si l'on emploie 3 molécules d'acide sulfurique pour 1 de phosphate tricalcique, on forme du sulfate de calcium à peu près insoluble dans une dissolution d'acide phosphorique, et l'acide phosphorique est mis en liberté.

$$(PO^4)^2Ca^3 + 3SO^4H^2 = 3SO^4Ca + 2PO^4H^3.$$

La dissolution d'acide phosphorique est séparée du précipité de sulfate et concentrée. Elle ne renferme que de très petites quantités de calcium, et sert à la préparation de divers phosphates.

2° Si, à une molécule de phosphate tricalcique on ajoute seulement 2 molécules d'acide sulfurique, on obtient un mélange de sulfate de calcium et de phosphate monocalcique :

$$(PO^4)^2Ca^3 + 2SO^4H^2 = 2SO^4Ca + (PO^4)^2CaH^4.$$

Ces 2 sels sont solides, on ne les sépare pas ; leur mélange est employé comme engrais[1] sous le nom commercial de superphosphate.

---

1. Tous les êtres vivants ont besoin de phosphates pour se développer. Le phosphate de chaux est non seulement un engrais pour les plantes mais aussi un reconstituant pour l'homme par exemple.

PHOSPHORE, P = 31.

101. Propriétés physiques. — Le phosphore est un corps solide, blanc, légèrement jaunâtre, translucide. Il est assez mou pour qu'un bâton de phosphore puisse être courbé entre les doigts ; il est rayé par l'ongle.

La densité du phosphore solide est 1,84.

Il fond à 44°,2 ; on peut le maintenir à l'état liquide au-dessous de sa température de fusion sans que la solidification se produise. L'expérience est faite de la manière suivante (fig. 53) : On introduit du phosphore dans un tube à essai en même temps qu'un peu d'eau. En plongeant ce tube dans de l'eau à 50°, le phosphore fond, et il peut être ensuite abandonné à lui-même au refroidissement. Lorsqu'un thermomètre, plongé dans l'eau qui enveloppe le tube, indique une température inférieure à 40°, le phosphore est encore liquide. Si, à ce moment, on le touche avec une baguette de verre qu'on a légèrement frottée contre un bâton de phosphore, la solidification se produit instantanément.

Le phosphore bout à 290°. La densité de sa vapeur est 4,32, égale à 62 fois celle de l'hydrogène.

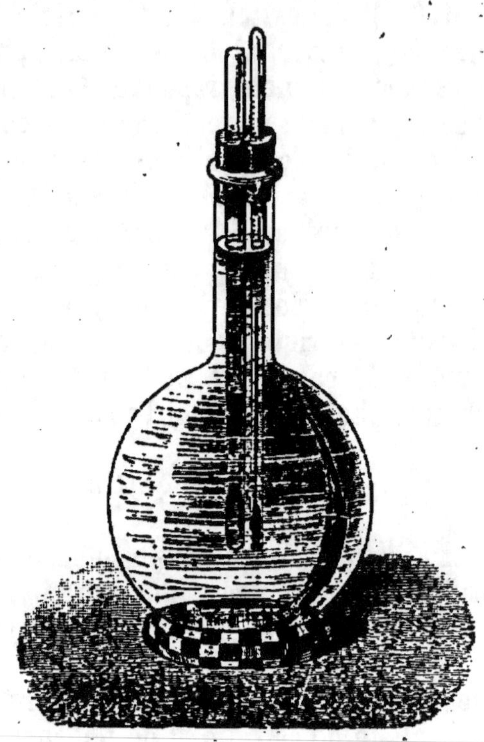

Fig. 53. — Surfusion du phosphore.

Le phosphore est insoluble dans l'eau, mais il est soluble dans le sulfure de carbone. Cette dissolution, soumise à une évaporation lente, abandonne des cristaux incolores, très réfringents, qui appartiennent au système cubique (dodécaèdres rhomboïdaux). On peut obtenir des cristaux de phosphore par sublimation. On introduit à cet effet du phosphore bien sec dans un tube de verre où l'on fait le vide ; si l'on chauffe légèrement le fond du tube, le phosphore se vaporise et se dépose en cristaux sur les parois froides. Le phosphore est un poison.

102. Action de l'oxygène. Phosphorescence. — Dans l'oxygène pur, à la température ordinaire et sous la pression atmosphérique, le phosphore ne s'oxyde pas. Mais, si on raréfie le gaz, on voit immédiatement apparaître des fumées blanches et, si on opère à l'obscurité, des lueurs bleuâtres, caractéristiques de la combustion lente de ce corps simple ; c'est de cette propriété de répandre des lueurs dans l'obscurité que le phosphore tire son nom (du grec *phôs*, lumière ; *phéro*, je porte).

On détermine également l'oxydation du phosphore, à la température ordinaire, en diluant l'oxygène avec un gaz inerte, tel que l'azote, l'hydrogène, le gaz carbonique. Dans l'air atmosphérique, la pression de l'oxygène n'est que les $\frac{21}{100}$ de la pression totale ; le phosphore humide, abandonné dans l'air à la température ordinaire, s'oxyde lentement, et forme de l'acide *phosphoreux* PO^3H^3 et de l'acide *hypophosphorique* $P^2O^6H^4$.

Cette oxydation lente est accompagnée d'un dégagement de chaleur qui rend le maniement du phosphore dangereux : elle peut en déterminer l'inflammation spontanée. Aussi faut-il éviter de manier le phosphore avec les doigts : on doit le conserver et le manier sous l'eau. On le fait fondre sous une couche d'eau, et si l'on veut le distiller, il faut opérer dans un gaz inerte, l'azote ou l'hydrogène.

Vers la température de 60°, en effet, le phosphore s'enflamme dans l'air ou l'oxygène secs et brûle avec une lumière très éclatante, en donnant des fumées blanches d'anhydride *phosphorique*, poudre blanche qui réagit vivement sur l'eau en donnant à la longue de l'acide phosphorique.

Cette poudre étant excessivement avide d'eau, même à chaud, est employée pour dessécher les gaz quand on veut une dessiccation complète. Elle déshydrate mieux encore que l'acide sulfurique.

103. Phosphore rouge. — Les bâtons de phosphore conservés dans des flacons en verre blanc remplis d'eau et exposés à la lumière diffuse se recouvrent peu à peu d'un enduit rouge. Le phosphore, chauffé dans le vide ou dans l'azote à 240°, se transforme peu à peu en une matière rouge infusible qu'on appelle le phosphore rouge. Malgré les différences de propriétés physiques, le phosphore blanc et rouge sont pour les chimistes le même corps simple. En effet, les combinaisons du phosphore blanc et celles du rouge sont identiques entre elles. Tous deux, par exemple, brûlant dans l'air sec, fournissent la même poudre blanche, le même anhydride phosphorique.

Seulement, d'une façon générale, les réactions du phosphore

rouge sont moins violentes, s'effectuent avec des dégagements de chaleur plus petits que les réactions du phosphore blanc.

On dit que le phosphore se présente à nous sous deux variétés *allotropiques*.

Ce n'est pas seulement par la couleur que le phosphore rouge se distingue du blanc. Sa densité est plus élevée, elle est de 2,34.

On peut le manier à l'air sans danger, car il ne s'oxyde pas à la température ordinaire; il n'est pas phosphorescent; il est insoluble dans le sulfure de carbone et dans les solutions alcalines bouillantes; enfin il n'est pas vénéneux. Il cristallise quand il a subi l'action d'une température élevée, ou par dissolution dans le plomb fondu.

104. Usages du phosphore. — La principale application du phosphore est la fabrication des allumettes.

Les allumettes ordinaires sont faites avec des petites bûchettes prismatiques en bois blanc. On plonge de quelques millimètres une de leurs extrémités dans un bain de soufre fondu, et lorsque ce dernier s'est solidifié, on enduit cette même extrémité d'une pâte inflammable formée de phosphore blanc, de gomme, de sable fin et d'une matière colorante rouge ou bleue, le tout délayé dans une petite quantité d'eau.

Les allumettes au phosphore rouge sont moins dangereuses à manier que les allumettes au phosphore ordinaire :

L'extrémité de l'allumette est recouverte d'une pâte formée avec de la colle forte, du chlorate de potassium, du sulfure d'antimoine et une petite quantité d'eau. On recouvre, d'autre part, un carton de pâte formée de colle forte, de phosphore rouge et de sulfure d'antimoine. L'allumette frottée sur un corps quelconque ne peut s'enflammer; mais, si on la frotte sur le carton, on détache une petite quantité de phosphore qui, mélangé au chlorate de potassium et au sulfure d'antimoine, prend feu et allume le bois.

105. Préparation du phosphore. — Pour préparer le phosphore, on évapore la dissolution d'acide phosphorique obtenue comme il a été dit (99) jusqu'à consistance sirupeuse, on mélange le résidu avec 25 pour cent de son poids de charbon et l'on calcine au rouge sombre, ce qui transforme l'acide phosphorique en acide métaphosphorique PO^3H :

$$PO^4H^3 = PO^3H + H^2O.$$

On introduit alors le mélange dans des cylindres en terre (fig. 54) qui communiquent avec des récipients remplis d'eau où les vapeurs de phosphore viendront se condenser.

On chauffe au rouge vif : de l'oxyde de carbone se dégage et le phosphore distille dans le récipient :

$$2PO^3H + 5C = H^3O + 2P + 5CO.$$

Le phosphore ainsi obtenu est impur. Il a entraîné, en distillant, des matières solides, dont on le débarrasse en le fondant

Fig. 54. — Préparation du phosphore blanc.

sous l'eau et le forçant à filtrer à travers une pierre poreuse C recouverte de poussier de charbon (fig. 55). Le phosphore est fondu dans la chaudière B, placée dans un bain d'eau à 50°. On fait arriver par le tube F de la vapeur d'eau sous pression et le phosphore qui filtre se rassemble en E. On ouvre de temps en temps le robinet G pour recueillir le phosphore. On peut aussi le distiller à l'abri de l'air.

Le phosphore se trouve généralement dans le commerce en bâtons cylindriques ou prismatiques, que l'on obtient sans danger en opérant comme il suit (fig. 56) :

Le phosphore est maintenu en fusion sous l'eau, dans le vase I, placé dans un bain-marie H. On peut le faire écouler par le robinet J dans un tube en cuivre MM entouré d'eau froide. Ce tube est fermé, au début de l'opération, par un bouchon métallique N

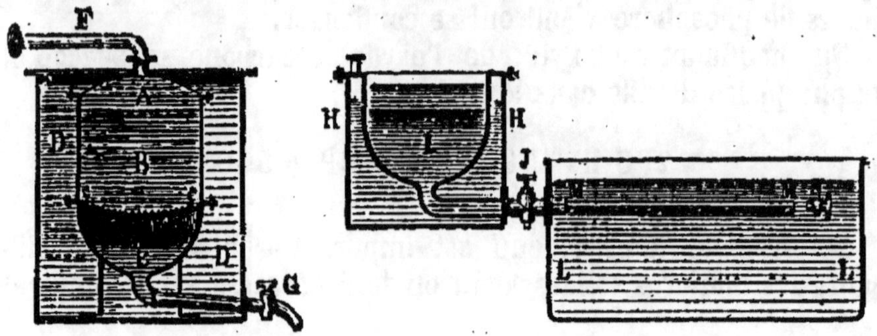

Fig. 55.   Fig. 56.

Purification et moulage du phosphore blanc.

qui porte un ressort en spirale. Lorsque le phosphore s'est soli-

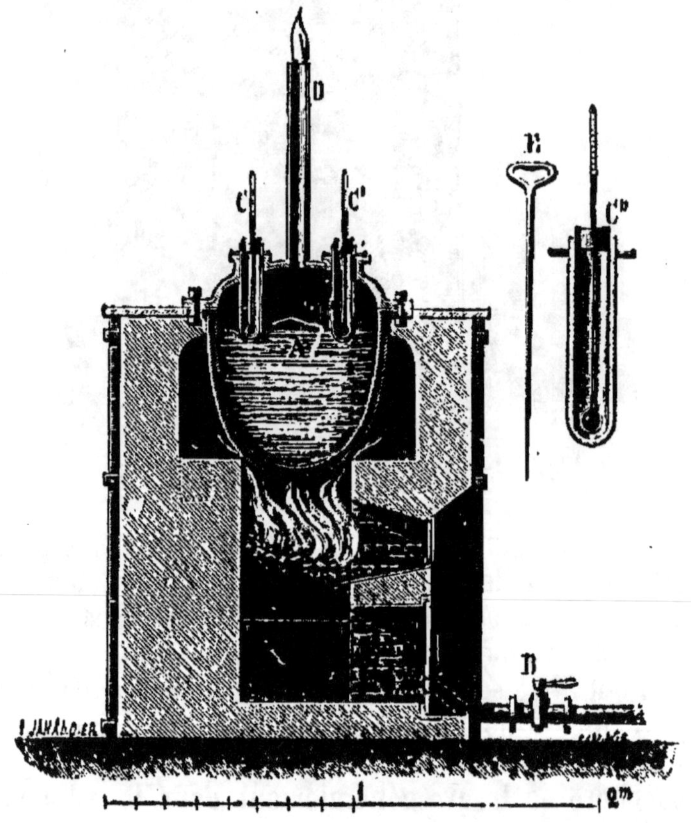

Fig. 57. — Préparation du phosphore rouge.

difié, on tire le bouchon et on entraîne avec la spirale le bâton
de phosphore qui y adhère. Le phosphore s'écoulant de la chau-

dière d'une façon continue, on obtient un cylindre de phosphore que l'on coupe à la longueur voulue.

Préparation du phosphore rouge. — Dans l'industrie, la transformation du phosphore ordinaire en phosphore rouge s'effectue en chauffant ce dernier dans un vase en fonte fermé par un couvercle qui ne porte qu'une petite ouverture par laquelle de la vapeur d'eau qui imprégnait les bâtons du phosphore et l'azote de l'air peuvent se dégager (fig. 57). On maintient la température pendant plusieurs jours à 240° et on laisse refroidir. On trouve la chaudière remplie d'une matière rouge compacte, que l'on divise et qu'on lave avec du sulfure de carbone, pour dissoudre un excès de phosphore blanc non transformé.

CHAPITRE XIII

CARBONE.

CARBONE.

106. Définition du carbone. — Le charbon de bois, la houille, ces matières que l'on appelle vulgairement des charbons, sont des corps de composition complexe. Mais il entre dans leur constitution un élément principal, le *carbone*.

Nous avons vu que, lorsqu'on brûlait du charbon dans l'oxygène, on obtenait un gaz incolore, incapable d'entretenir la combustion, troublant l'eau de chaux, dont la dissolution a une réaction acide et désigné sous le nom de *gaz* ou *acide carbonique*.

On appelle carbone tout corps qui, brûlant dans l'oxygène, donne uniquement comme produit de sa combustion de l'acide carbonique, et tel que 12 grammes de cette matière en se combinant avec 32 grammes d'oxygène donnent 44 grammes de gaz carbonique. On reconnaît qu'une substance contient du carbone, à la présence du gaz carbonique parmi les produits de sa combustion.

On peut rencontrer le carbone sous trois aspects :

1° cristallisé sous forme de diamant;

2° — — graphite;

3° amorphe.

DIAMANT.

107. Le diamant[1] est du carbone cristallisé et presque pur. Chauffé, en vase clos, à l'abri de l'air, il ne subit aucune altération avant 3500°. A cette température, qui est celle de l'arc élec-

1. Du grec *adamas*, indomptable.

trique, il se transforme en graphite. Lorsqu'on le chauffe fortement au contact de l'air, il disparaît peu à peu et semble se volatiliser. Le diamant est en effet un corps combustible.

C'est Lavoisier qui a établi, en 1772, que le produit de sa combustion était du gaz carbonique. Dans un ballon rempli d'oxygène (fig. 58), sur la cuve à mercure, il introduisit un petit diamant fixé à l'extrémité d'un fil métallique et le chauffa fortement en concentrant les rayons solaires à l'aide d'une lentille. Le diamant brûla et, la combustion terminée, Lavoisier constata qu'il s'était formé du gaz carbonique et que le volume gazeux n'avait subi aucune variation. H. Davy démontra en 1816 que le diamant, en brûlant dans l'oxygène, ne donnait que du gaz carbonique et que par conséquent c'était là du carbone pur.

Fig. 58.

Les diamants les plus limpides ou, comme on dit dans le commerce de la bijouterie, de la plus *belle eau*, laissent cependant en brûlant un léger résidu solide dont le poids ne s'élève pas à plus de $\frac{1}{500}$ à $\frac{1}{1000}$ du poids du diamant brûlé. La combustion du diamant, dans un courant d'oxygène, est d'ailleurs facile à réaliser. Mais au contact de l'air le diamant s'enflamme difficilement, car il conduit bien la chaleur; cependant, si l'on chauffe fortement un diamant implanté à l'extrémité d'un fil de platine et qu'on l'introduise aussitôt dans un flacon rempli d'oxygène, il brûle alors lentement, avec un vif éclat.

La densité du diamant varie de 3,4 à 3,6; c'est le plus dense de tous les carbones. C'est le plus dur de tous les corps connus : il raye toutes les autres substances et n'est rayé que par le carbure de bore qu'il raye également.

108. Gisements. Forme cristalline. — Le diamant se rencontre disséminé dans des terrains dits d'alluvion, dans les Indes (à Golconde, au Bengale), dans l'île de Bornéo; mais depuis longtemps déjà c'est le Brésil qui approvisionne presque exclusivement le commerce européen. Plus récemment, on a trouvé d'importants gisements au Cap de Bonne-Espérance; mais les diamants de cette provenance sont moins estimés que ceux du Brésil.

Le diamant est cristallisé dans le système cubique, en octaèdres réguliers, en dodécaèdres rhomboïdaux, ou en solides à 48 et à 64 faces. Mais on trouve rarement les diamants bruts transparents et d'une forme cristalline régulière; le plus souvent les cristaux sont opaques à leur surface, striés; les faces et les arêtes sont arrondies. Ce n'est que lorsqu'ils ont été soumis à la taille que l'on peut juger de la limpidité du diamant et apprécier ses magnifiques jeux de lumière.

109. Taille du diamant. — L'opération de la taille du diamant a pour but de déterminer artificiellement un grand nombre de facettes et d'arêtes vives au travers desquelles se réfracte la lumière.

La taille comporte trois opérations : le *clivage*, la *taille* proprement dite et le *polissage*.

Il existe des directions suivant lesquelles le diamant offre peu de résistance à la rupture : ce sont les plans de *clivage* parallèles aux faces de l'octaèdre ou du dodécaèdre rhomboïdal. On profite de l'existence de ces directions de clivage pour dégrossir le diamant brut, enlever les parties rugueuses et ternes. L'opération se fait simplement à l'aide d'un couteau en acier trempé que l'ouvrier introduit dans des fentes préalablement tracées avec une pointe de diamant et sur lequel il frappe un coup sec.

L'ouvrier *tailleur* use deux diamants l'un contre l'autre et produit ainsi les facettes définitives que la pierre doit porter. Mais, au sortir de ses mains, les faces sont rugueuses et ternes; on les polit en les frottant sur une meule horizontale en fer humectée d'huile d'olive et d'*égrisée* ou poussière de diamant et animée d'un mouvement rapide de rotation.

Il existe deux tailles principales : la taille en *brillant* et la

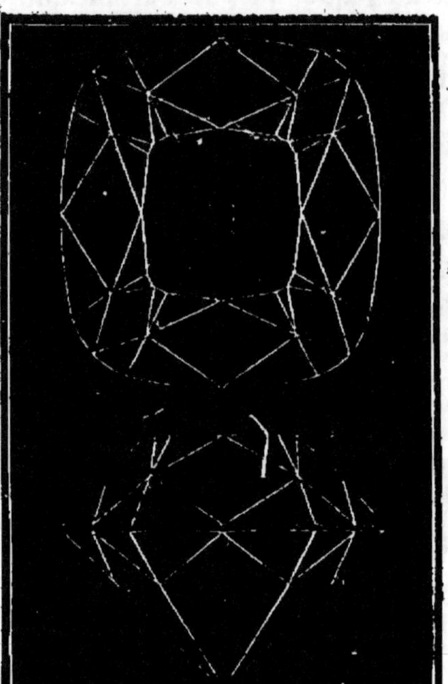

Fig. 59.   Fig. 60.

taille en *rose*. La forme d'un brillant[1] est celle de deux pyramides accolées

1. La figure 59 représente le Régent, qui appartient à la France. C'est un des plus beaux diamants connus; non qu'il soit le plus pesant, mais il est remarquable par sa limpidité et la perfection de sa taille. Brut, il pesait 410 carats; taillé, il ne pesait plus que 136 carats $\frac{3}{4}$. Acheté par le Régent pendant la minorité de Louis XV, au prix de 3 575 000 francs, ce diamant vaut aujourd'hui plus de 7 millions.

par la base; la partie supérieure est la table, la partie inférieure s'appelle la culasse.

Pour les diamants de faible épaisseur on emploie la taille en rose (fig. 60). La face inférieure est plane, la face supérieure, convexe, porte des facettes triangulaires au nombre de 24 (*rose de Hollande*); si le nombre des facettes est inférieur à 12, c'est une *rose d'Anvers*.

Les plus beaux diamants sont incolores; mais la couleur peut être légèrement jaune ou rosée; exceptionnellement on en a trouvé dont la teinte était bleue.

Un diamant bien taillé, d'une belle eau et du poids de 1 carat[1], vaut environ 500 francs. D'après une règle très ancienne, le prix d'un diamant augmente proportionnellement au carré du poids. Ainsi un diamant de 2 carats vaut 4 fois le prix du diamant d'un carat, un diamant de 3 carats vaut 9 fois plus, etc. Cette règle n'est appliquée que très approximativement. Ces prix sont d'ailleurs sujets à des fluctuations, et, lorsqu'il s'agit de pierres d'un poids et d'une qualité exceptionnels, le prix est purement conventionnel.

Outre les diamants transparents et bien nettement cristallisés, seuls utilisés par la joaillerie, on trouve encore des diamants cristallins appelés *bords* et qu'on réduit en poudre pour faire de l'égrisée; on trouve également des carbones amorphes, gris d'acier, opaques, présentant la densité et la dureté du diamant et dont on fait aussi de l'égrisée: on appelle ces derniers *diamants carboniques* ou *carbones*.

110. Usages. — Indépendamment de son emploi comme pierre d'ornement, le diamant sert à entailler et graver les pierres fines. C'est avec des outils garnis de diamants noirs que l'on perce les roches dures. Avec le diamant on coupe le verre; on se sert, à cet effet, d'un éclat de diamant enchâssé dans un outil en cuivre: cet éclat doit porter trois arêtes courbes qui, pénétrant dans le verre, écartent les bords de la coupure.

GRAPHITE.

111. Le *graphite*[2] ou *plombagine* est noir de fer ou gris d'acier, opaque, d'un éclat métallique. Il se rencontre en masses compactes formées de petits cristaux lamellaires de forme hexagonale, plus rarement en cristaux distincts, en Sibérie, à Ceylan.

Sa densité est inférieure à celle du diamant; elle est de 2,00 à 2,23.

Le graphite est friable, onctueux au toucher; frotté sur le papier, il laisse une trace gris de plomb; de là le nom de *plombagine* ou de *mine de plomb* qu'on lui applique quelquefois et l'emploi qu'on en fait pour la fabrication des crayons.

1. Le carat est une mesure de poids employée dans le commerce de la joaillerie et qui vaut 0ᵍʳ,205.
2. Du grec *graphein*, écrire.

Comme il est bon conducteur de l'électricité, on l'applique, réduit en poudre fine, à la surface des moules en gutta-percha ou en plâtre dont on se sert dans la galvanoplastie, et qu'il rend conducteurs. Mélangé à des matières grasses, il forme le cambouis dont on imprègne les axes de rotation dans leurs coussinets, les roues des engrenages, pour diminuer les frottements. On enduit de plombagine les objets en tôle et en fonte pour les préserver de la rouille.

Pétri avec de l'argile réfractaire, le graphite sert à faire des creusets résistant aux températures les plus élevées de nos fourneaux.

Le graphite peut être obtenu artificiellement : le fer, fondu et maintenu à une température élevée en présence du charbon, dissout celui-ci et l'abandonne par refroidissement sous la forme de paillettes hexagonales de graphite. Cette variété artificielle a exactement les mêmes propriétés que le graphite naturel ; si la fonte a dissous le charbon à la température du four électrique et que le refroidissement soit très rapide, il se fait aussi de très petits diamants.

CARBONE AMORPHE.

112. Les matières organiques d'origine végétale ou animale renferment quatre éléments essentiels : l'oxygène, l'hydrogène, l'azote et le carbone. Lorsqu'on chauffe ces matières en vase clos il se produit entre ces divers éléments des réactions très diverses, dites *pyrogénées*, desquelles résulte la formation de matières volatiles qui se dégagent et il reste comme résidu du carbone. Ce carbone sera pur si la matière ne renferme pas de substances minérales fixes.

113. Charbon de sucre — Prenons comme exemple des charbons ainsi produits, le charbon de sucre. Lorsqu'on chauffe du sucre dans un creuset de terre ou de porcelaine, il fond, puis brunit ; si l'on continue de chauffer, il se dégage des gaz combustibles, la matière devient pâteuse, se boursoufle, et finalement il reste un charbon volumineux, d'un beau noir très brillant, très fragile, qui, calciné de nouveau dans un creuset fermé, est de carbone pur, à la condition toutefois que le sucre pris comme point de départ ne renferme pas de matières salines.

114. Noir de fumée. — Les huiles, les graisses, certaines essences donnent, en brûlant à l'air libre, une flamme fuligineuse. Si l'on place au-dessus de ces flammes un corps froid, il s'y dépose un enduit pulvérulent, noir, de charbon très divisé : c'est le *noir de fumée*.

Les appareils qui servent à préparer le noir de fumée sont de formes très diverses ; la fig. 61 représente une des plus simples. C'est une chambre en maçonnerie sur les parois de laquelle sont tendues des toiles ; on brûle dans un foyer latéral des résines, et, lorsque le noir de fumée s'est déposé, on descend un cône

Fig. 61. — Fabrication du noir de fumée.

métallique qui, raclant les parois, le détache et le fait tomber sur le sol, où on le ramasse.

Le noir de fumée ainsi obtenu contient encore des matières grasses ou résineuses ; une calcination dans un creuset fermé le purifie.

115. Noir animal. — Les os sont formés d'une matière minérale déposée au sein d'un tissu organique qui forme environ le tiers de la masse totale ; la matière minérale est formée principalement de phosphate et de carbonate de chaux. Lorsqu'on calcine ces os dans des creusets couverts, la matière organique est détruite et laisse un résidu de carbone qui se trouve intimement mélangé à la matière minérale. L'os, après calcination, a conservé sa forme primitive; mais il est devenu noir. On le réduit en grains et on obtient ainsi un carbone très impur employé dans l'industrie, sous le nom de *noir animal*, comme décolorant.

Si l'on agite en effet dans un flacon un excès de noir animal avec du vin ou du tournesol, et que l'on jette le liquide sur un filtre, le liquide recueilli est incolore. Le noir animal est employé dans l'industrie à la décoloration des jus sucrés.

Lorsqu'il a servi quelque temps à cet usage, le noir animal ne peut plus absorber les matières colorantes. On le *revivifie* en le calcinant en vase clos, ou en le chauffant dans un courant de vapeur d'eau, sous pression.

COMBUSTIBLES NATURELS.

116. On trouve dans le sol et on utilise comme combustibles des substances de composition complexe que l'on désigne sous le nom général de *charbons de terre*; ce sont l'*anthracite*, la *houille, les lignites*.

Ces charbons fossiles proviennent de la décomposition des matières végétales enfouies à des périodes géologiques bien antérieures à la période actuelle. Cette origine végétale n'est pas douteuse. Il n'est pas rare de trouver dans les couches de houille des végétaux de grandes dimensions dont la structure ligneuse est surtout facile à constater sur des charbons plus récents que la houille, les lignites. Les *tourbes* sont d'origine actuelle; nous les voyons se former dans les terrains marécageux, par la putréfaction des végétaux.

117. **Anthracite.** — L'anthracite [1] est un charbon compact, d'un noir brillant, que l'on trouve en France, aux environs d'Angers, à la Mure, etc. Il contient de 90 à 92 pour 100 de carbone. L'anthracite brûle difficilement; néanmoins c'est un combustible très apprécié, parce que, dans des foyers munis d'un bon tirage, il brûle avec un grand dégagement de chaleur.

118. **Houilles.** — La houille est d'origine plus récente que l'anthracite. Moins compacte qu'elle, elle a le plus souvent un éclat gras et une structure feuilletée. Elle renferme des proportions de carbone très variables suivant le gisement (de 75 à 88 pour 100). Elle renferme encore de l'hydrogène, de l'oxygène, de l'azote et des matières minérales (sables, argiles, pyrites) qui restent à l'état de cendres après la combustion. Chauffée en vase clos, elle dégage des produits volatils (gaz de l'éclairage, goudrons) et laisse comme résidu du *coke*.

Certaines houilles se boursouflent lorsqu'on les chauffe, et brûlent avec une flamme rougeâtre, fuligineuse : ce sont les *houilles grasses* (Mons, Saint-Étienne), que l'on emploie aux travaux de la forge.

Les *houilles maigres*, plus compactes, brûlent avec une flamme courte.

119. **Lignites** [2]. — Les lignites sont d'origine plus récente encore. Elles sont moins riches en carbone que la houille et constituent un mauvais combusti-

1. Du grec *anthrax*, charbon.
2. Du latin *lignum*, bois.

ble qui brûle avec une flamme fuligineuse et en répandant une odeur désagréable.

On emploie en bijouterie, sous le nom de *jais* ou *jayet*, une lignite noire, susceptible de prendre un beau poli et qui provient de la décomposition de grands arbres d'essence résineuse.

120. Tourbes. — Les tourbes sont formées par des mousses à moitié putréfiées, imprégnées de vase et de terre. On les exploite au bord des étangs, dans des prairies basses (vallée de la Somme).

COMBUSTIBLES ARTIFICIELS.

121. Charbon des cornues. — C'est un charbon compact, bon conducteur de la chaleur et de l'électricité, et qui se dépose dans les cornues en terre où l'on calcine la houille en vase clos pour préparer le gaz de l'éclairage. Sa densité est très voisine de celle du graphite naturel, mais il est beaucoup plus dur. On le désigne quelquefois dans le commerce sous le nom impropre de *graphite artificiel*. Taillé en parallélépipèdes, il sert de conducteur positif dans la pile de Bunsen. On en fait des creusets dans lesquels on chauffera les substances qui doivent être soustraites à l'action de l'oxygène de l'air. Ces creusets ne seront pas placés directement dans le foyer, mais enveloppés d'un creuset de plombagine.

Le charbon des cornues, par cela même qu'il est bon conducteur, s'enflamme difficilement ; mais, lorsqu'il a été cassé en petits fragments, il constitue, dans un foyer doué d'un bon tirage, un excellent combustible. Il ne laisse que peu de cendres et, sous un petit volume, il offre une grande proportion de matières combustibles.

122. Coke. — La houille, chauffée en vase clos, laisse un résidu solide, le *coke*. C'est un charbon très léger, d'une couleur grisâtre. Lorsqu'il provient de la calcination de houilles grasses qui, en se décomposant, se ramollissent et subissent une sorte de fusion, le coke est volumineux, spongieux, très léger. Si les houilles calcinées sont des houilles maigres, il conserve la forme du charbon qui l'a produit, il est dur et compact.

Le coke est un combustible très employé, soit dans l'économie domestique, soit dans l'industrie. Il s'allume difficilement et brûle sans flamme. Mais il laisse un résidu considérable, formé de toutes les matières minérales de la houille. Il contient environ 88 pour 100 de carbone.

123. Charbon de bois. — Les matières organisées qui forment le bois se détruisent, sous l'action de la chaleur, en laissant un résidu solide principalement formé de carbone, mais contenant nécessairement toutes les matières minérales du bois.

Deux procédés sont employés pour fabriquer le charbon de bois : le *procédé des meules* et le *procédé des cylindres*.

1° *Procédé des meules.* — Sur une aire plane bien battue, on dresse des bûches de bois formant une sorte de cheminée verticale autour de laquelle on entasse régulièrement, par couches superposées, les branches que l'on veut carboniser (fig. 62). On forme une *meule*, que l'on recouvre de menues branches, de feuilles sèches et enfin de terre, en réservant des ouvertures à la base de la meule pour établir un tirage. Par la cheminée centrale on projette du combustible enflammé : une partie du bois prend feu et la chaleur dégagée par cette combustion carbonise l'autre partie de la masse. On règle la combustion en pratiquant des ouvertures latérales ou *évents*, d'abord au sommet ; puis, lorsque la fumée est devenue claire, ce qui indique que la combustion est terminée à leur voisinage, on bouche ces évents et on en ouvre d'autres à un niveau inférieur, et cela jusqu'à ce qu'on ait atteint le niveau du sol. A ce moment, on bouche toutes les ouvertures et on laisse refroidir. On sépare le charbon des fragments mal carbonisés (*fumerons*).

Le charbon bien préparé est noir, dur, compact, sonore; il conserve encore la forme des branches carbonisées. Les fumerons ont une couleur terne, brune et dégagent une fumée âcre lorsqu'ils brûlent.

Ce procédé s'applique en forêt : il donne un faible rendement (20 pour 100 à peine), et tous les produits volatils que dégage la distillation du bois sont perdus.

2° *Procédés des cylindres.* — On introduit le bois dans des cylindres en tôle chauffés par un foyer extérieur. Les cylindres sont reliés à des récipients refroidis dans lesquels viennent se condenser des produits liquides utilisés pour

Fig. 62.

la préparation de l'acide pyroligneux et de l'esprit de bois, tandis que les produits gazeux sont dirigés dans le foyer et contribuent à l'alimenter. Le rendement est supérieur au précédent et les frais d'installation des appareils sont compensés par la vente des produits condensés.

124. Propriétés absorbantes du charbon de bois. — Le charbon de bois poreux jouit de la propriété d'absorber les gaz.

Si l'on introduit dans une éprouvette renfermant du gaz ammoniac ou de l'acide chlorhydrique, sur la cuve à mercure, un morceau de charbon de bois enflammé que l'on éteint en le plongeant dans le mercure, on voit presque immédiatement le niveau de celui-ci s'élever dans la cloche; le morceau de charbon plus léger flotte à la surface du liquide et se trouve constamment en contact avec le gaz qu'il absorbe complètement.

Le charbon se comporte ici comme un liquide; il dissout le

gaz, qu'il laisse dégager peu à peu lorsqu'on l'abandonne au contact de l'air, plus rapidement dans le vide ou sous l'action de la chaleur. Un fragment de charbon qui a dissous du gaz ammoniac répand l'odeur du gaz ammoniac; et, si l'on approche de ce fragment un autre morceau qui a absorbé du gaz chlorhydrique, on voit immédiatement se former des fumées blanches de chlorhydrate d'ammoniaque.

Ce sont en général les gaz les plus solubles dans l'eau (gaz ammoniac, acide chlorhydrique) que le charbon absorbe en plus grande quantité; ainsi 1 volume de charbon de bois absorbe :

90	volumes de gaz	ammoniac,
85	—	acide chlorhydrique,
53	—	acide sulfhydrique,
7,5	—	azote,
1,75	—	hydrogène.

Cette propriété absorbante est utilisée pour désinfecter les liquides chargés de matières gazeuses odorantes. Lorsqu'on filtre de l'eau croupie et infecte à travers une couche de charbon de bois, le liquide a perdu toute odeur et peut être employé aux usages domestiques.

125. Propriétés chimiques communes aux variétés de carbone. — La propriété caractéristique du carbone est celle qu'il a de se combiner avec l'oxygène, de brûler, en formant du gaz carbonique. Le dégagement de chaleur qui accompagne la transformation de 12 grammes de carbone en 44 grammes de gaz carbonique est de 94 calories environ, c'est-à-dire que cette quantité de chaleur est suffisante pour porter de 0° à 1° la température de 94 kilos d'eau.

La combustion du charbon dans un foyer, aux dépens de l'oxygène de l'air qui afflue par les orifices inférieurs, est une des sources de chaleur les plus fréquemment employées.

Nous verrons que, si l'oxygène arrive au contact du charbon en quantité moindre que celle qui est exigée pour la formation de l'acide carbonique (12 de carbone pour 32 d'oxygène), un autre gaz prend naissance, *l'oxyde de carbone.*

Le carbone chauffé agit également sur un grand nombre de composés oxygénés. Il les réduit, c'est-à-dire s'empare de leur oxygène. Ainsi, si l'on fait passer de la vapeur d'eau sur de la braise portée au rouge dans un tube de porcelaine, on recueille sur la cuve à eau un mélange d'hydrogène, d'acide carbonique et d'oxyde de carbone. Le carbone a décomposé l'eau; l'hydrogène s'est dégagé en même temps que le carbone a formé avec l'oxygène les deux composés oxygénés, l'acide carbonique et l'oxyde de carbone.

Si la proportion d'acide carbonique est faible, le mélange, formé principalement de deux gaz combustibles, l'hydrogène et l'oxyde de carbone, brûle avec une flamme peu éclairante. On désigne ce mélange gazeux sous le nom de *gaz de l'eau.*

La formation de ce mélange combustible dans la réaction de l'eau sur les charbons incandescents nous explique qu'on ne puisse éteindre un foyer incandescent en y projetant une petite quantité d'eau. On ne ferait ainsi qu'activer la combustion.

Le charbon est très employé comme réducteur dans l'industrie. C'est ainsi qu'en métallurgie on prépare un grand nombre de métaux en chauffant leurs composés oxygénés naturels avec du charbon.

CHAPITRE XIV

ACIDE CARBONIQUE. — OXYDE DE CARBONE. — SILICE.

ACIDE CARBONIQUE.

126. Préparation. — 1° Lorsque le carbone brûle dans un excès d'oxygène ou d'air, il se forme de l'acide carbonique[1]. Les gaz qui se dégagent d'un foyer incandescent renferment de l'acide carbonique, mais ce gaz est mélangé d'azote; dans certaines industries cependant, lorsque la présence de ce dernier gaz ne gêne pas, on se sert avec avantage de ce procédé simple pour se procurer le gaz carbonique.

2° En décomposant par la chaleur un carbonate, principalement le carbonate de calcium, on a de l'acide carbonique (préparation de la chaux vive)

$$CO^3Ca = CaO + CO^2.$$

Comme le calcaire est chauffé avec du charbon brûlant à l'air, l'acide carbonique ainsi produit est encore mélangé d'azote.

3° Pour préparer le gaz carbonique pur, on décompose un carbonate par un acide.

Le carbonate de chaux (ou mieux carbonate de calcium) est une des substances les plus répandues dans la nature; le marbre, la pierre calcaire des environs de Paris, la craie sont du carbonate de calcium. Lorsqu'on verse sur ce carbonate un acide tel que l'acide chlorhydrique ou l'acide sulfurique, une effervescence se produit et le gaz carbonique se dégage.

L'appareil dont on se sert pour effectuer cette opération est

[1]. D'après les règles de la nomenclature actuellement adoptée, le gaz qui résulte de la combinaison du carbone avec l'oxygène est *l'anhydride carbonique*; la dissolution de ce gaz devrait seule porter le nom d'*acide carbonique*; on ne s'astreint pas toujours à suivre cette règle.

des plus simples; il se compose d'un flacon tubulé (fig. 63) dans lequel on introduit du marbre blanc en fragments et de l'eau.

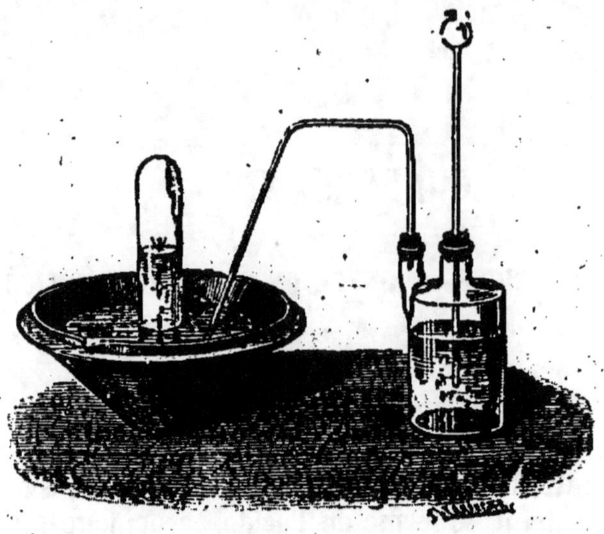

Fig. 63. — Préparation de l'anhydride carbonique.

Par un tube en entonnoir, on verse peu à peu de l'acide chlorhydrique, et le gaz se dégage sur la cuve à eau.

$$CO^3Ca + SO^4H^2 = SO^4Ca + CO^2 + H^2O$$
$$CO^3Ca + 2HCl = CaCl^2 + CO^2 + H^2O$$

127. Propriétés physiques. — L'acide carbonique est un gaz incolore, inodore, mais d'une saveur aigrelette.

Il est environ une fois et demie plus lourd que l'air et 22 fois plus lourd que l'hydrogène; sa densité est 1,529 et l'on obtient le poids d'un litre d'acide carbonique, à 0° et sous la pression de 76^{cm}, en multipliant le poids du litre d'air normal, 1^{gr},293, par ce facteur 1,529, ce qui donne pour le poids du litre de ce gaz 1^{gr},97.

Cette grande pesanteur spécifique peut être mise en évidence par l'expérience suivante. On fait arriver au fond d'un large vase cylindrique en verre un courant lent de gaz carbonique qui déplace l'air peu à peu et s'accumule au fond du vase. Si à l'orifice de ce vase on produit des bulles de savon, elles rebondissent lorsqu'elles rencontrent la couche d'acide carbonique et flottent à sa surface.

A 15° l'eau dissout son volume de gaz carbonique, sous la pression atmosphérique; si la pression exercée à la surface du liquide est de 2, 3, 4 atmosphères, le volume de gaz dissous, mesuré sous la pression atmosphérique, sera double, triple, quadruple, etc.

L'eau de Seltz artificielle est une dissolution de gaz carbonique dans l'eau, faite sous pression. Lorsque cette dissolution arrive au contact de l'air, elle n'abandonne tout d'abord qu'une partie du gaz dissous et reste longtemps *sursaturée*.

Mais, si l'on y introduit un corps rugueux ou si on agite le liquide, le dégagement s'accélère et il ne reste bientôt plus dans la dissolution que des traces de gaz carbonique.

Le gaz carbonique peut être facilement liquéfié par compression, pourvu que la température soit inférieure à 31°,35 : il suffit d'une pression de 36 atmosphères à 0° ou d'une pression de 50 atmosphères environ à 15°.

Pour effectuer cette liquéfaction, on emploie une pompe aspi-

Fig. 61. — Récipient contenant de l'acide carbonique liquide.

rante et foulante qui, puisant le gaz dans un gazomètre, le refoule dans un récipient très résistant (fig. 64).

On obtient facilement une neige très divisée d'acide carbonique solide en dirigeant le jet gazeux mélangé de gouttelettes liquides dans une boîte en ébonite. (fig. 65) ou mieux dans un sac de laine. Le gaz arrive par un petit tube latéral, se brise contre les parois et s'échappe par la poignée creuse; une neige d'acide carbonique remplit la boîte. La neige carbonique s'évapore lentement à l'air; sa température est alors constante et égale à — 79. Elle ne se tranforme pas en liquide sous la pression atmosphérique. Mise dans le vide, sa température s'abaisse. Sous une pression de 5ᵐᵐ de mercure, elle s'évapore lentement en restant à — 125°.

On comprend qu'on puisse l'employer pour obtenir de basses températures.

Le prix du gaz carbonique liquéfié est peu élevé et l'on s'en sert couramment aujourd'hui dans l'industrie, soit pour exercer des pressions, soit pour obtenir des abaissements de température.

128. Propriétés chimiques. — L'acide carbonique n'entretient pas la combustion. Une bougie allumée que l'on introduit dans une éprouvette remplie de ce gaz

Fig. 65. — Boîte à neige carbonique.

s'éteint. L'expérience peut être faite différemment; plaçons une bougie au fond d'une éprouvette (fig. 66) et versons dans cette éprouvette du gaz carbonique en inclinant lentement, à l'orifice de la première, une éprouvette remplie de ce gaz : la bougie s'éteindra.

Les flammes que nous employons habituellement pour nous chauffer ou nous éclairer s'éteignent dans l'air, quand cet air est mélangé de 13 à 20 pour 100 d'anhydride carbonique. Aussi emploie-t-on l'acide carbonique contre les incendies.

Dans cette atmosphère l'homme peut encore vivre, le mélange n'étant guère mortel pour lui qu'à 30 pour 100.

Ce gaz s'accumule souvent dans les caves, dans les salles où se produisent des *fermentations*; on reconnaît qu'il est imprudent d'y séjourner lorsqu'une bougie s'y éteint. Il faut alors procéder à une ventilation active.

L'acide carbonique est un acide faible : quelques gouttes de tournesol versées dans une éprouvette de ce gaz prennent une couleur rouge violacé, une couleur rouge vineux, bien différente de celle que communiquent les acides forts à cette même teinture. En se combinant avec les bases, il forme des carbonates, dont le plus important est le carbonate de chaux, si répandu à la surface du globe. Ce carbonate est insoluble dans l'eau; si dans une éprouvette renfermant de l'acide carbonique on verse quelques gouttes d'une dissolution limpide de chaux dans l'eau (*eau de chaux*), elle se trouble et l'on voit apparaître un *précipité* blanc de carbonate de chaux. Cette réaction est très sensible : elle permet de reconnaître la présence de très petites quantités d'acide carbonique dans un gaz. Lorsque l'on veut enlever l'acide carbonique contenu dans une masse gazeuse, on fait passer ce gaz dans

Fig. 66. — L'acide carbonique éteint une bougie allumée.

des tubes renfermant soit des dissolutions de potasse, soit de la potasse solide, ou simplement on introduit dans l'éprouvette qui contient le gaz une dissolution de potasse, et on agite, en fermant l'éprouvette avec la main.

Suivant les proportions, on a un carbonate neutre CO^3K^2 ou en carbonate acide appelé aussi bicarbonate ou CO^3KH. Ces sels dérivent d'un acide CO^3H^2 inconnu qui serait bibasique.

Le gaz carbonique, en passant sur du charbon porté au rouge, se change en oxyde de carbone, en perdant la moitié de son oxygène. Pour faire l'expérience, on adapte à l'extrémité d'un tube de porcelaine rempli de braise un appareil producteur d'acide carbonique. On porte le charbon au rouge, en chauffant le tube dans un fourneau à réverbère, et, en faisant passer le gaz lentement, on recueille sur la cuve à eau un gaz qui brûle avec une flamme bleue : c'est l'oxyde de carbone; le volume du gaz a doublé.

$$CO^2 + C = 2CO$$

Cette réaction est très importante et nous permet de préciser dans quelles circonstances les deux gaz se formeront dans la combustion du charbon. Lorsque, dans un foyer, une longue colonne de charbon est incandescente, l'air qui afflue par la grille sur laquelle repose le combustible brûle le charbon et forme de l'acide carbonique; mais celui-ci, en passant sur du charbon rouge, se transforme partiellement du moins en oxyde de carbone qui est entraîné par le courant gazeux dans la cheminée d'appel. On voit fréquemment courir à la surface d'une masse assez considérable de coke, brûlant dans un foyer, de petites flammes bleuâtres; elles sont dues à la combustion de l'oxyde de carbone, formé comme nous venons de le dire. L'industrie emploie ce procédé pour obtenir de l'oxyde de carbone. Il s'en fait ainsi dans les hauts fourneaux.

129. Acide carbonique dans l'atmosphère. — Nous avons fait remarquer, en étudiant l'air, que l'atmosphère contenait de l'acide carbonique, et ce fait a été constaté en exposant à l'air, dans un vase large, de l'eau de chaux qui se trouble et se recouvre d'une pellicule solide de carbonate de chaux. On peut déterminer le poids de ce gaz contenu dans un volume déterminé d'air par la méthode suivante (fig. 67). Un grand vase cylin-

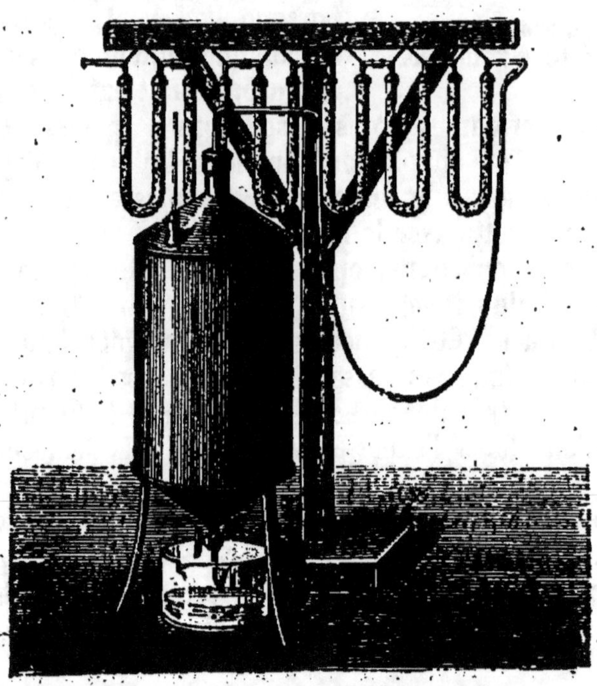

Fig. 67. — Dosage d'acide carbonique.

drique en tôle est rempli d'eau; lorsqu'on fait écouler ce liquide lentement par un tube inférieur, l'air rentre par un tube fixé à la tubulure supérieure en traversant une série de tubes en U renfermant, les premiers, de la ponce imbibée d'acide sulfurique pour retenir la vapeur d'eau, les autres, de la pierre ponce imbibée d'une dissolution de potasse et de la potasse solide. Si l'on a pesé les tubes à potasse avant l'expérience et si on les pèse lorsque l'aspirateur s'est vidé, l'augmentation de poids donnera le poids d'acide-carbonique-contenu dans le volume d'air que l'on calcule lorsque l'on connaît le volume de l'eau écoulée. On peut étudier ainsi la distribution de l'acide carbonique dans l'atmosphère en différentes saisons.

On a trouvé ce résultat remarquable que le volume d'acide carbonique contenu dans 10 000 volumes d'air était sensiblement constant et s'écartait peu de 3 volumes.

130. Origine de l'acide carbonique de l'atmosphère. — Toutes les combustions vives de matières carbonées qui s'effectuent à la surface du sol déversent de l'acide carbonique dans l'atmosphère.

Une des sources de ce gaz est la respiration des animaux : Lorsqu'on souffle à l'aide d'un tube de verre dans de l'eau de chaux, on voit cette eau se troubler rapidement par la formation du carbonate de chaux. L'air expiré des poumons renferme donc de l'acide carbonique, dont l'origine a été fixée par Lavoisier, qui a rapproché le phénomène de la respiration des phénomènes de combustion. L'air, en pénétrant dans les poumons, apporte de l'oxygène qui, traversant les membranes, se fixe sur les globules du sang. Ceux-ci transportent l'oxygène en tous les points des tissus, brûlent un grand nombre de matières organiques, et l'acide carbonique produit, fixé lui aussi sur les globules, est ramené aux poumons où, à travers les parois des cellules pulmonaires, se fait un échange entre l'acide carbonique et l'oxygène. Ces combustions lentes qui s'effectuent dans les tissus sont la source de la *chaleur animale*.

« La respiration, dit Lavoisier en 1789, n'est qu'une combustion lente de carbone et d'hydrogène qui est semblable en tout à celle qui s'opère dans une lampe ou dans une bougie allumée; et, sous ce point de vue, les animaux qui respirent sont de véritables corps combustibles qui brûlent et se consument. »

Un homme consomme ainsi en moyenne de 20 à 25 litres d'oxygène et exhale de 15 à 20 litres d'acide carbonique par heure.

Ajoutons que, des fissures du sol, se dégage, en bien des points du globe, de l'acide carbonique; un grand nombre d'eaux minérales chargées d'acide carbonique au sein de la terre, sous une pression supérieure à celle de l'atmosphère, laissent dégager une partie de ce gaz lorsqu'elles arrivent à sa surface.

Si tant de causes tendent à accumuler l'acide carbonique dans l'atmosphère, il se trouve également des causes qui tendent à le faire disparaître. Telles sont, d'une part, la *nutrition* des plantes et, de l'autre, l'absorption du gaz carbonique par les eaux. Sous l'influence de la lumière solaire, les parties vertes des végétaux décomposent l'acide carbonique, fixent le carbone dans leurs tissus, et l'oxygène se dégage. Elles *respirent*, il est vrai, comme les animaux, en dégageant de l'acide carbonique; mais, comme la décomposition qu'elles effectuent de l'acide carbonique de l'atmosphère l'emporte de beaucoup sur la production du gaz carbonique, il en résulte que les plantes détruisent en partie l'acide carbonique qui se diffuse dans l'atmosphère. Mais c'est l'absorption de l'acide carbonique par les eaux qui joue surtout le rôle d'un régulateur.

131. Acide carbonique dans les eaux. — L'eau contient des gaz en dissolution, et parmi ces gaz de l'acide carbonique. L'origine de cet acide carbonique est multiple. L'eau de pluie en traversant l'atmosphère dissout de l'acide carbonique; cette eau s'infiltre dans le sol et jouit alors de la propriété de dissoudre le carbonate de chaux. Ce corps en effet, insoluble dans l'eau, est soluble dans de l'eau chargée d'acide carbonique, et le fait peut se constater ainsi : Dans de l'eau de chaux on verse quelques gouttes d'eau de Seltz, et le précipité de carbonate de chaux formé tout d'abord disparaît lorsqu'on en ajoute en excès. Il se forme un bicarbonate de chaux soluble dans l'eau, mais très instable, qui tend à se scinder en acide carbonique et carbonate insoluble et qui ne peut subsister dans une eau que si, à la surface de celle-ci, le gaz carbonique exerce une pression déterminée. Lorsque la pression de l'acide carbonique, en un point du globe, tend à s'élever au-dessus de cette limite, l'acide se dissout et forme, avec le carbonate de chaux en suspension dans l'eau, du bicarbonate. Lorsque, au contraire, la tension de l'acide carbonique diminue, le bicarbonate se décompose, le gaz se dégage et du calcaire se dépose.

Le carbonate de chaux ainsi dissous par l'eau chargée d'acide carbonique peut produire dans certaines circonstances des phénomènes particuliers. Certaines eaux minérales, très riches en acide carbonique et en carbonate de chaux, perdent en grande partie leur acide carbonique lorsqu'elles arrivent à la surface du sol, et le carbonate de chaux se dépose en petits cristaux sur les objets immergés, plantes, branches d'arbres, etc. Ce sont les sources ou fontaines incrustantes : telle est la source de Saint-Allyre, à Clermont-Ferrand.

Si ces eaux riches en acide carbonique s'infiltrent dans le sol et atteignent une cavité ou grotte naturelle, elles perdent, en arrivant à la paroi intérieure de celle-ci, de l'acide carbonique, et il se forme un dépôt calcaire qui recouvre ainsi peu à peu les parois. Si l'eau suinte à la voûte supérieure, chaque gouttelette

Fig. 68. — Stalagtites et stalagmites.

dépose un anneau de carbonate de chaux, et ces anneaux forment peu à peu une sorte de colonne verticale descendante ou *stalagtite*; arrivée au sol, la goutte qui se détache de la paroi supérieure forme des dépôts qui, se superposant aussi, forment avec le temps une colonne verticale ou *stalagmite*. Quelques grottes sont célèbres par des formations calcaires d'une grande élégance et d'un bel éclat (fig. 68) : la grotte des Demoiselles (Hérault), les grottes du Han, en Belgique, dans la province de Namur.

C'est à cette même cause qu'il faut attribuer les dépôts calcaires qui garnissent peu à peu l'intérieur des conduites d'eau, et les dépôts qui se forment sur les parois des chaudières à vapeur.

Les eaux de source ou de rivière, l'eau de la mer, renferment du carbonate de chaux, et cette substance est indispensable à l'alimentation. Elle contribue en effet au développement du système osseux des animaux; elle fournit aux mollusques les matières nécessaires à l'élaboration de leur coquille.

Cependant, si l'eau est trop riche en calcaire, elle devient difficile à digérer, impropre à la cuisson des légumes ou au savonnage.

132. Composition. — L'expérience de Lavoisier (2) permet de fixer la composition de l'anhydride carbonique. La combustion du diamant dans une atmosphère d'oxygène une fois terminée, il a constaté que le volume gazeux n'avait pas changé. *Un volume d'oxygène produit donc un volume de gaz carbonique égal au sien.* On peut déduire de là la composition en poids :

Gr.

Un litre de gaz carbonique pèse. . . . . . . 1,529 × 1,293
Un litre d'oxygène. . . . . 1,105 × 1,293

La différence représente le poids du carbone contenu dans un litre de gaz carbonique, soit 0,433 × 1,293. Les poids d'oxygène et de carbone sont donc entre eux comme 1,105 et 0,423. On trouve ainsi que 12 de carbone se combinent à 32 d'oxygène pour donner 44 de gaz carbonique.

Il y a un grand intérêt à connaître bien exactement la composition de l'anhydride carbonique. En effet, toutes les fois qu'on veut doser du carbone, qu'il fasse partie d'un mélange ou d'une combinaison, on l'oxyde (à l'aide de l'oxygène ou de l'oxyde de cuivre), on le transforme en anhydride carbonique, on mesure le volume ou le poids de celui-ci; de ce poids ou de ce volume on déduit la quantité de charbon, si on connaît la composition de l'anhydride carbonique; on voit que toute erreur commise dans la détermination de cette composition se répercuterait sur la composition des 75 000 combinaisons du carbone connues actuellement.

Dumas et Stas ont fixé, par une méthode précise, la composition du gaz carbonique en brûlant un poids donné de carbone pur dans un courant d'oxygène et pesant l'anhydride carbonique formé.

Fig. 69. — Synthèse de l'anhydride carbonique.

Un grand flacon tubulé est rempli d'oxygène (fig. 69), que l'on déplace en faisant couler lentement de l'acide sulfurique par un tube à entonnoir : le gaz se dessèche dans les tubes BCD, remplis de ponce sulfurique. En E est un tube de porcelaine porté au rouge dans un fourneau à réverbère et renfermant une petite nacelle contenant un poids connu de diamant ou de graphite. Comme le gaz qui sort du tube de porcelaine peut contenir un peu d'oxyde de carbone, on le fait passer sur de l'oxyde de cuivre chauffé au rouge en FF; l'oxyde de carbone prend l'oxygène de l'oxyde de cuivre et se transforme en gaz carbonique. L'anhydride carbonique formé est retenu par de la potasse contenue dans les tubes G, H, I, J, K, dont on détermine l'augmentation de poids à la fin de l'expérience.

133. Applications. — Le gaz carbonique dissous dans l'eau ou dans des liquides alcooliques sous pression leur communique une saveur aigrelette. Les *eaux de Seltz* artificielles, les limonades gazeuses, le vin de Champagne, le cidre, la bière, contiennent

Fig. 70. — Fabrication de l'eau de Seltz.

du gaz carbonique dissous à la faveur d'un excès de pression.

Au contact de l'air, l'excès de gaz se dégage, le liquide mousse.

La fabrication des eaux de Seltz artificielles est simple. On prépare le gaz carbonique dans un cylindre métallique, en faisant réagir l'acide sulfurique étendu sur de la craie. Après avoir traversé des vases laveurs, il est recueilli dans un gazomètre. Une pompe aspire à la fois le gaz et le liquide, qu'elle refoule dans un récipient sphérique ou *saturateur*, et de là dans des *siphons* en verre fort, capables de supporter une pression de 10 atmosphères environ (fig. 70).

Pour préparer sur les tables de petites quantités d'eau de Seltz, on se sert fréquemment de l'appareil Briet (fig. 71). Un vase sphé-

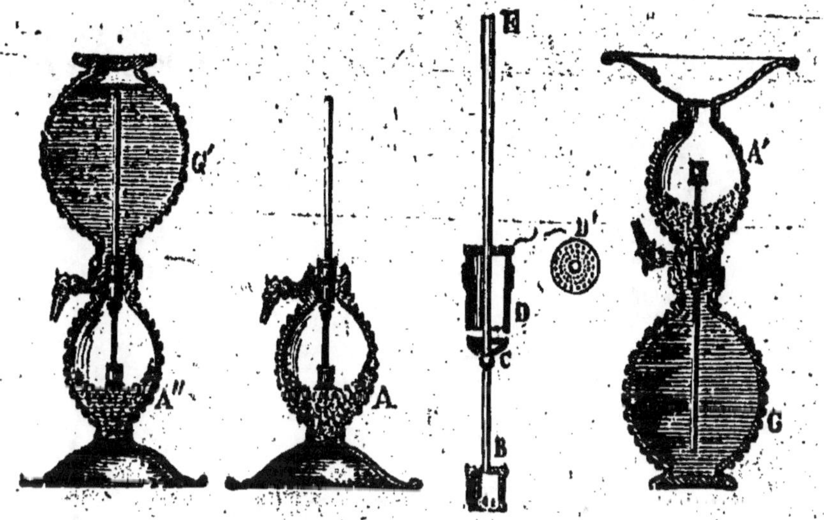

Fig. 71. — Appareil Briet.

rique A est muni d'une garniture métallique à robinet. On y introduit un mélange de bicarbonate de sodium et d'acide tartrique solide, puis un tube vertical en étain ouvert à sa partie supérieure et terminée à sa base par un cylindre percé de trous. Ce tube porte un renflement cylindrique garni d'étoupe, qui ferme l'ouverture du vase inférieur. Après avoir rempli d'eau le vase G, on renverse le vase A et on visse sa garniture métallique sur celle du premier. Lorsqu'on retourne ensuite l'appareil, l'eau du vase supérieur s'écoule par l'extrémité du tube vertical, et le sel et l'acide, qui à l'état sec ne peuvent réagir l'un sur l'autre, dégagent du gaz carbonique dès qu'ils sont mouillés. Le gaz s'élève par de petits trous pratiqués à la surface du cylindre creux D, et se dissout dans l'eau. Lorsqu'on tourne un robinet à vis qui communique avec la base du vase supérieur G', le liquide s'écoule, chassé par la pression qu'exerce le gaz à sa surface. Pour préparer un litre d'eau gazeuse, on mélange généralement 18ᵍʳ d'acide tartrique et 21ᵍʳ de bicarbonate de sodium.

On utilise aussi, pour obtenir immédiatement de l'eau de Seltz, l'acide carbonique liquide renfermé dans des ampoules métalliques (sparklets).

OXYDE DE CARBONE.

134. Préparation. — On a vu que le gaz carbonique se transforme en oxyde de carbone lorsqu'on le fait passer sur une longue colonne de charbon portée au rouge (56). C'est dans des circon-

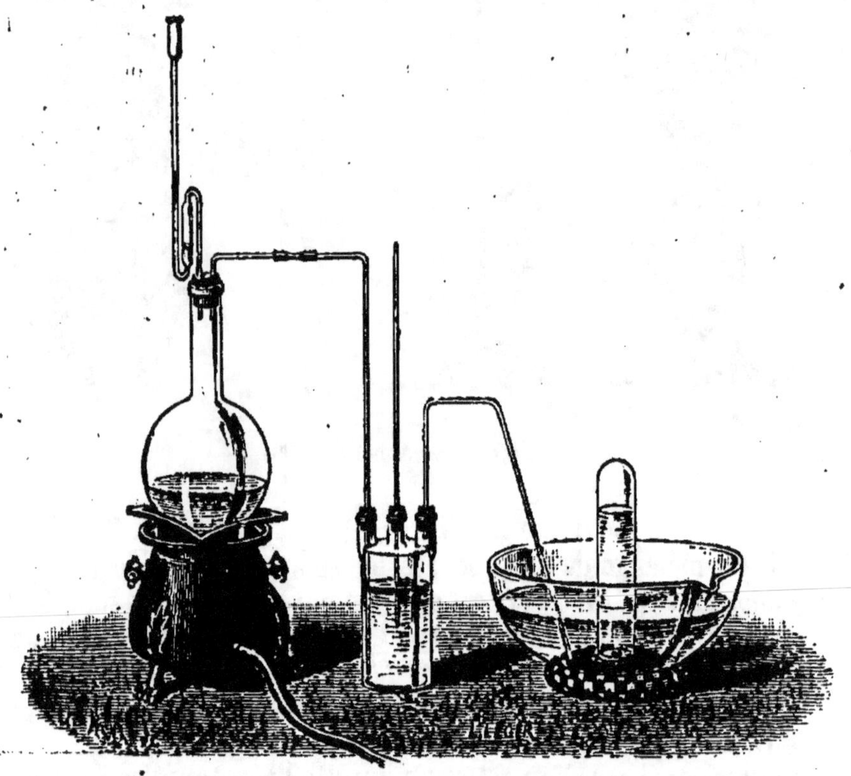

Fig. 72. — Préparation de l'oxyde de carbone.

stances analogues à celle-ci que se forme l'oxyde de carbone dans la pratique industrielle.

Mais, dans les laboratoires, lorsqu'on veut préparer l'oxyde de carbone pur, on chauffe dans un ballon de verre de l'oxyde oxalique cristallisé avec de l'acide sulfurique. L'acide oxalique cristallisé renferme les éléments de l'eau, de l'anhydride carbonique et de l'oxyde de carbone.

Lorsqu'on chauffe alors cet acide en présence de l'acide sulfurique, ce dernier retient l'eau et il se dégage un mélange qui renferme des volumes égaux de gaz carbonique et d'oxyde de carbone. On fait passer le gaz, au sortir du ballon, dans un flacon laveur renfermant une dissolution de potasse ou de soude destiné à retenir l'acide carbonique et l'on recueille le gaz dans des éprouvettes sur la cuve à eau (fig. 72).

$$C^2O^4H^2 = CO^2 + CO + H^2O.$$

135. Propriétés. — Gaz incolore, inodore et sans saveur. Sa densité est de 0,967, c'est-à-dire 14 fois plus grande que celle de l'hydrogène.

L'oxyde de carbone n'exerce aucune action sur la teinture de tournesol: c'est un corps neutre. Lorsqu'il a été soigneusement débarrassé de gaz carbonique, il ne trouble pas l'eau de chaux.

L'oxyde de carbone est combustible; il peut être mélangé à l'air ou à l'oxygène, à la température ordinaire, sans subir de modification; mais à l'approche d'un corps incandescent il brûle avec une flamme bleue en formant de l'acide carbonique.

Deux volumes d'oxyde de carbone, en se combinant avec un volume d'oxygène, donnent deux volumes d'acide carbonique.

La flamme de l'oxyde de carbone est bleue, et cette coloration est caractéristique.

La réaction $CO + O = CO^2$ dégage 68^{cal}. L'oxyde de carbone est donc un gaz très propre au chauffage; on l'emploie industriellement dans ce but. Il existe dans le gaz à l'eau conjointement avec l'hydrogène.

L'oxyde de carbone tend non seulement à s'emparer de l'oxygène libre, mais il réagit sur un grand nombre de composés oxygénés pour leur enlever l'oxygène. C'est ce qu'il est facile de vérifier en chauffant de l'oxyde de fer ou de l'oxyde de cuivre dans un petit tube de verre traversé par un courant d'oxyde de carbone. On constate qu'il se dégage de l'anhydride carbonique et l'oxyde est réduit à l'état métallique; comme l'hydrogène, l'oxyde de carbone est donc un gaz *réducteur*, et à ce titre on l'utilise dans les arts métallurgiques; c'est l'oxyde de carbone qui, dans les hauts fourneaux, réduit les minerais de fer, qui sont des oxydes de ce métal.

136. Propriétés physiologiques. — L'oxyde de carbone est un gaz très délétère. Il se fixe sur les globules du sang, qu'il rend impropres à absorber l'oxygène destiné à produire dans tout l'organisme les combustions lentes.

L'oxyde de carbone étant dépourvu d'odeur, on ne s'aperçoit de sa présence dans une atmosphère viciée que par les maux de tête et les vertiges qu'il occasionne et qu'une ventilation active fait disparaître assez rapidement.

Dans les asphyxies par le charbon, c'est l'oxyde de carbone qui tue et non le gaz carbonique. En effet, dans une atmosphère renfermant juste assez de gaz carbonique pour qu'une bougie s'éteigne, un chien n'est pas asphyxié. Or, ce même animal succombe dans une atmosphère renfermant le mélange de gaz carbonique et d'oxyde de carbone qui provient de la combustion du charbon, bien avant qu'une bougie s'y éteigne.

Nous devons donc éviter avec grand soin toute cause qui introduirait dans l'atmosphère d'une chambre même de très petites quantités d'oxyde de carbone.

Un foyer qui ne serait pas muni d'une cheminée pour le dégagement des gaz de la combustion, ou dont le tirage serait insuffisant, émettra nécessairement de l'oxyde de carbone. On ne doit jamais fermer complètement la clef d'un poêle sous prétexte de ralentir la combustion, car les gaz, ne trouvant pas d'autre issue, se répandraient dans la pièce. Les poêles à combustion lente, les *poêles mobiles* dont l'usage s'est répandu dans ces dernières années, constitueraient un danger sérieux si le tuyau n'était pas engagé dans une cheminée tirant très bien.

SILICE, SiO^2.

La silice est le bioxyde d'un métalloïde, *le silicium.*

137. État naturel. — Cristallisée et anhydre, c'est le *quartz* ou *cristal de roche.*

Le *quartz* (fig. 73) se présente sous la forme de prismes hexagonaux réguliers terminés par des pyramides à six faces (fig. 74). Les cristaux sont incolores et d'une limpidité parfaite, ou quelquefois d'un blanc laiteux. Les cristaux qui ont une teinte violacée portent le nom d'*améthystes*; d'autres variétés sont colorées en brun ou en noir, et constituent le quartz enfumé. La *cornaline*, l'*agate*, le *jaspe* sont des variétés de quartz diversement coloré.

La densité du quartz est de 2,6 environ. Le quartz est difficilement fusible; on ne peut le fondre qu'au chalumeau à oxygène et hydrogène.

Les cristaux de quartz accompagnent fréquemment les minerais métalliques dans leurs filons ou forment des groupements

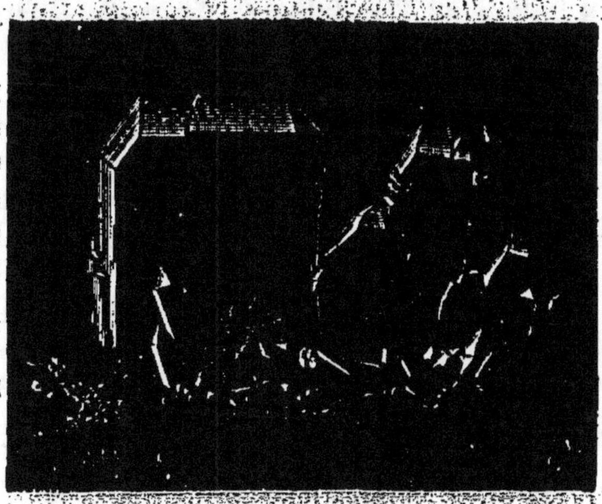

Fig. 73. — Quartz.

cristallins appelés *géodes*, à l'intérieur de gros cailloux de silex.

Les *grès*, les *pierres meulières*, les *sables quartzeux* sont de la silice plus ou moins mélangée d'alumine ou d'oxyde de fer. L'*opale*, employée en joaillerie, est de la silice hydratée.

138. Silice artificielle. — La silice ou acide silicique possède les propriétés des acides anhydres, elle réagit sur les bases alcalines, lorsqu'on la chauffe avec ces dernières pour former des silicates facilement fusibles. Quelques-uns de ces silicates sont des matières d'une grande importance : les *verres* sont des silicates doubles de calcium et de sodium ou de potassium; le *cristal* est un silicate double de sodium et de plomb.

Fondue avec les carbonates alcalins, elle en chasse l'acide carbonique et forme un silicate. Fondons par exemple dans un creuset de terre, au rouge vif,

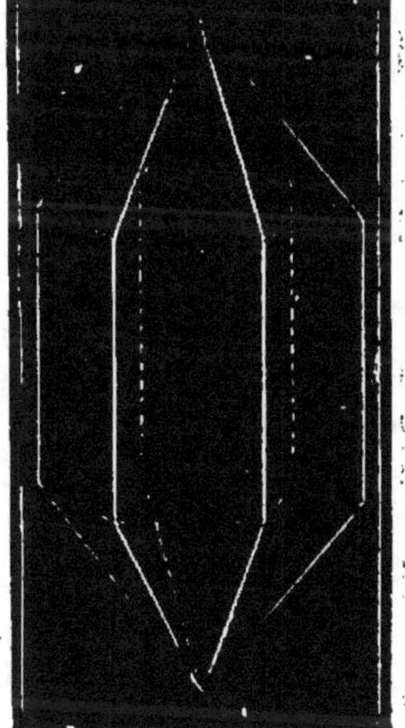

Fig. 74.

6 parties de sable blanc et 5 parties de carbonate de sodium; puis coulons le produit obtenu sur une dalle; nous obtiendrons

ainsi, après refroidissement de la matière, un verre transparent, soluble dans l'eau. Cette dissolution est désignée sous le nom de *liqueur des cailloux* : c'est un silicate de sodium.

Versons de l'acide chlorhydrique concentré dans cette liqueur, nous obtiendrons immédiatement un précipité blanc, gélatineux, de silice hydratée; ce précipité est tellement volumineux, que l'on peut retourner le verre sans qu'il s'écoule de liquide. L'acide, en réagissant sur le silicate, a déplacé la silice pour donner du chlorure de sodium et de l'eau. On lave le précipité pour enlever les sels solubles, on le dessèche et, après calcination, on obtient une matière pulvérulente, blanche, qui est de la silice pure.

139. Propriétés physiques. — La silice anhydre est insoluble dans l'eau; la silice hydratée peut s'y dissoudre en petite quantité à la faveur des acides libres.

Versons une dissolution *étendue* de silicate de sodium dans de l'eau acidulée par de l'acide chlorhydrique; nous n'obtiendrons pas de précipité de silice, mais la silice, mise en liberté par l'acide chlorhydrique, restera dissoute. Nous nous expliquerons ainsi la présence de la silice dans les eaux courantes, où elle est maintenue dissoute à la faveur de l'acide carbonique, et son absorption par les plantes. Nous trouverons, en effet, de la silice dans les tiges des végétaux et dans les squelettes osseux des animaux. Certaines eaux renferment même de très fortes proportions de silice. Les eaux bouillantes, que les geysers de l'Islande lancent périodiquement, retombent dans les bassins circulaires, où la silice hydratée se dépose et forme des amas volumineux.

La silice ne fond que lorsqu'elle est chauffé au chalumeau à oxygène et hydrogène, ou dans un violent feu de forge.

140. Propriétés chimiques. — Aucun métalloïde n'attaque la silice; cependant, chauffée avec du charbon, elle est réduite à la température du four électrique. Il se dégage de l'oxyde de carbone et on obtient un corps très dur, rayant le rubis, nommé carborundum et répondant à la formule CSi.

Les acides sulfurique, azotique et chlorhydrique n'attaquent pas la silice. Seul l'acide fluorhydrique [1] la dissout. Si l'on verse sur de la silice pure placée dans une capsule de platine un peu d'acide fluorhydrique, une effervescence se produit, il se dégage

---

1. Cet acide est un liquide résultant de l'action de l'acide sulfurique sur le fluorure de calcium

$$Ca\,F^2 + SO^4H^2 = Ca\,SO^4 + 2\,HF.$$

un gaz (*fluorure de silicium*), fumant au contact de l'air humide; si l'on chauffe légèrement, il ne reste aucun résidu, car toutes les substances qui ont pris naissances sont volatiles.

Cette action exercée par l'acide fluorhydrique sur la silice ou toutes les substances qui en contiennent, comme le verre, est utilisée pour la gravure sur verre. Cette gravure se pratique comme la gravure sur cuivre décrite au paragraphe 90, mais on remplace l'acide nitrique par l'acide fluorhydrique liquide ou mieux gazeux.

Applications. — Quelques variétés de silice naturelle, diversement colorées, sont employées en bijouterie. Les grès servent à faire les pavés, les meules. Le sable entre dans la composition des mortiers employés dans les constructions; il entre dans la composition des poteries, des verres, du cristal.

141. Silicates. — Les silicates sont excessivement nombreux dans la nature. Ils dérivent d'acides à formules souvent très complexe mais qui peuvent tous être considérés comme dérivés de l'union d'une ou de plusieurs molécules de l'anhydride SiO^2 avec un certain nombre de molécules d'eau. Citons l'argile, silicate d'aluminium hydraté, l'amiante contenant du silicate de calcium, l'émeraude silicate d'aluminium et de glucinium, l'écume de mer silicate de magnésium, le talc, autre silicate de magnésium, le mica, la topaze, etc.

ANHYDRIDE BORIQUE, B⁴O³.

Acide borique BO³H³.

142. État naturel. — De petites quantités d'acide borique entraînées par de la vapeur d'eau s'échappent des fissures du sol dans une région inculte de la Toscane. Autour de ces fissures ou *soffioni*, on a construit des bassins circulaires (*lagoni*) dans lesquels on fait arriver l'eau de sources voisines et où l'acide borique se dissout. Les liquides évaporés laissent déposer par refroidissement de l'acide borique impur. Les usines des Maremmes Toscanes produisent ainsi annuellement près d'un million de kilogrammes d'acide borique.

Dans les montagnes du Tibet et dans l'Amérique du Nord, l'eau de certains lacs, en s'évaporant, forme des dépôts importants de biborate de sodium ou *borax*. L'eau de la mer et l'eau de la plupart des sources minérales renferment de l'acide borique à l'état de combinaison saline.

Enfin des gisements importants de borate de calcium $3CaO$, $4B^2O^3 + 6H^2O$ ont été découverts en Asie Mineure et exploités avec succès.

143. Préparation. — Quelle que soit l'origine de l'acide borique, c'est toujours sous forme de borax ou biborate de sodium Na^2O, $2B^2O^3 + 10H^2O$, qu'il est livré au commerce. Pour préparer l'acide borique, on dissout le borax dans l'eau bouillante et on verse peu à peu dans la dissolution de l'acide chlorhydrique jusqu'à ce que le méthyl orange se colore en rose, accusant ainsi que l'on a versé un excès d'acide chlorhydrique. L'acide borique cristallise par le refroidissement.

144. Propriétés de l'acide borique. — L'acide borique BOH^3 que l'on obtient ainsi forme de petites écailles nacrées. Il est peu soluble dans l'eau froide, beaucoup plus soluble dans l'eau bouillante, un litre d'eau dissout $29^{gr},2$ d'acide borique hydraté à 12° et 291 grammes à 100°. Il est plus soluble dans l'alcool, sur lequel il réagit pour former un éther borique qui, enflammé, brûle avec une flamme verte.

C'est un acide faible, qui ne communique à la teinture de tournesol que la coloration rouge vineux; il est sans action sur le méthyl orange.

L'alcool additionné d'acide borique brûle avec une flamme bordée de vert. On peut utiliser cette réaction pour reconnaître l'acide borique.

145. Anhydride borique. — L'acide borique chauffé fond, se boursoufle et perd tout l'hydrogène qu'il contient à l'état d'eau

$$2BO^3H^3 = B^2O^3 + 3H^2O.$$

Au rouge, il fond en un liquide incolore, qui se solidifie en une masse vitreuse, transparente. Exposé à l'air, l'anhydride perd peu à peu sa transparence, s'unit à l'eau atmosphérique et se recouvre d'une couche blanche formée de petits cristaux d'acide hydraté. L'anhydride borique se volatilise lentement au rouge blanc.

L'anhydride borique fondu avec un grand nombre d'oxydes métalliques les dissout et forme, par le refroidissement, des masses vitreuses dont la couleur peut servir à caractériser les oxydes avec lesquels il s'est uni.

146. Applications. — On s'est servi de l'acide borique ou du borax pour la conservation des denrées alimentaires, dont il retarde la putréfaction. L'acide borique entre dans la composition des émaux, des faïences. Dissous dans l'acide sulfurique, il sert à imprégner les mèches des bougies stéariques. Lorsque la mèche se consume, l'acide borique fond, dissout les oxydes métalliques (silice, alumine) des cendres, et forme un globule qui, par son poids, force la mèche à s'incliner; la matière organique incomplètement brûlée se trouve ainsi amenée dans la zone la plus chaude où la combustion s'achève. Les solutions d'acide borique à saturation constituent un antiseptique faible mais non toxique assez utilisé.

BIBLIOTHÈQUE NATIONALE IMPRIMÉS R. F.

TABLE DES MATIÈRES

CHAPITRE IV

Chlore. — Chlorures décolorants.

CHAPITRE V

Ammoniaque. — Sel ammoniac.

CHAPITRE VI

Analyse immédiate.

CHAPITRE VII

Analyse des combinaisons.

CHAPITRE VIII

Notation chimique.

CHAPITRE IX

Formules de réactions.

CHAPITRE X

Soufre. — Acide sulfureux. — Acide sulfurique.
Hydrogène sulfuré.

CHAPITRE XI

Acide azotique.

CHAPITRE XII

Acide orthophosphorique. — Phosphore.

CHAPITRE XIII

Carbone.

CHAPITRE XIV

Acide carbonique. — Oxyde de carbone. — Silice.

BIBLIOTHÈQUE NATIONALE
R. F.
IMPRIMÉS

48 007. — Imprimerie LAHURE, 9, rue de Fleurus, à Paris.

Librairie **HACHETTE** et Cⁱᵉ, 79, boul. St-Germain, à Paris

M. CHASSAGNY
Professeur de Physique au lycée Janson-de-Sailly

Précis
de Physique

Rédigé conformément aux programmes officiels du 31 mai 1902
Classes de Quatrième et de Troisième B

Un volume in-16, avec figures, cartonnage toile. . . . .

Cours élémentaire
de Physique

Nouvelle édition conforme aux programmes officiels du 31 mai 1902

A L'USAGE

DES CANDIDATS AUX BACCALAURÉATS ET AUX ÉCOLES DU GOUVERNEMENT

AVEC UNE PRÉFACE
par PAUL APPEL
Membre de l'Institut, Professeur à la Sorbonne et à l'École Centrale

Ouvrage contenant 703 figures dans le texte et une planche en couleurs

Un vol. in-16, broché. . . . . 7 fr. 50
Le cartonnage toile se paye en plus 50 cent.

Manuel théorique
et Pratique
d'Électricité

Conforme aux programmes officiels du 31 mai 1902

Un volume in-16, contenant 360 pages, avec 276 figures, cartonnage toile . . . . 4 fr.

Manipulations de physique, rédigé conformément aux programmes officiels du 31 mai 1902, à l'usage des classes de
philosophie-mathématiques. Un volume in-16, cartonnage toile.
(En préparation.)

Librairie HACHETTE et Cⁱᵉ, 79, boul. St-Germain, Paris

A. JOLY	A. LESPIEAU
Ancien professeur	Professeur au Collège Chaptal
à la Faculté des Sciences de Paris	Chargé de Conférences
et à l'École Normale supérieure	à l'École Normale supérieure

Nouveau
Précis de Chimie

NOTATION ATOMIQUE

Rédigé conformément aux programmes officiels du 31 mai 1902

Classes de Quatrième et de Troisième B

Un volume in-16, avec figures, cartonné. . . . . » fr. »

Le ***Nouveau Cours de Chimie*** de **MM. Joly et Lespieau**, rédigé conformément aux programmes officiels du 31 mai 1902, comprendra :

Nouveau précis de chimie, rédigé conformément aux programmes officiels du 31 mai 1902, à l'usage des classes de 4ᵉ et de 3ᵉ B. Un volume in-16, avec figures, cartonnage toile. (*Sous presse, pour paraître à la rentrée d'octobre 1902.*)

Nouveaux éléments de chimie, rédigés conformément aux programmes officiels du 31 mai 1902, à l'usage des candidats au baccalauréat (1ʳᵉ partie). Un volume in-16, avec figures, cartonnage toile. (*En préparation.*)

Nouveau cours élémentaire de chimie, rédigé conformément aux programmes officiels du 31 mai 1902, à l'usage des candidats au baccalauréat (2ᵉ partie, Philosophie-Mathématiques). Un volume in-16, avec de nombreuses figures, cartonnage toile. (*En préparation.*)

Nouvelles manipulations de chimie, rédigées conformément aux programmes officiels du 31 mai 1902, à l'usage des candidats au baccalauréat (2ᵉ partie, Philosophie-Mathématiques). Un volume in-16, cartonnage toile. (*En préparation.*)

______

En vente :

Cours de Chimie, notation atomique, par **M. JOLY**, rédigé conformément aux programmes officiels de 1891 :

Précis de chimie, notation atomique, rédigé conformément aux programmes de 1891. 5ᵉ édit., revue et corrigée. Un vol. in-16, avec figures, cart. toile. 3 fr. »

Éléments de chimie, notation atomique, rédigé conformément aux programmes de 1891, à l'usage de la classe de Philosophie. 7ᵉ édition. Un volume in-16, cartonnage toile. . . . . . . 3 fr. »

Cours élémentaire de chimie, notation atomique, rédigé conformément aux programmes de 1891, à l'usage des candidats aux divers baccalauréats et aux Écoles du Gouvernement. Trois volumes in-16, brochés :

Chimie générale. — Métalloïdes. 4ᵉ édition, revue par M. LESPIEAU, chargé de conférences à l'École normale supérieure. Un volume. . . 5 fr. »

Métaux et Chimie organique. 3ᵉ édition, revue par M. LESPIEAU. Un volume. . . . . 5 fr. »

Manipulations chimiques. 2ᵉ édition. Un volume. . . . . 2 fr. 50

Le cartonnage toile de chaque volume se paie en plus : 50 cent.

Librairie HACHETTE et C⁽ⁱᵉ⁾, 79, boul. St-Germain, à Paris

EDMOND PERRIER

Professeur au Muséum d'Histoire naturelle

ÉLÉMENTS de ZOOLOGIE

NOUVELLE ÉDITION REFONDUE

Rédigée conformément aux programmes du 31 mai 1902

Classe de Sixième A et B

Un volume in-16, avec figures, cartonnage toile. . . . . 3 fr. »

LOUIS MANGIN

Professeur au lycée Louis-le-Grand

COURS ÉLÉMENTAIRE

DE BOTANIQUE

NOUVELLE ÉDITION REFONDUE.

et rédigée conformément aux programmes officiels du 31 mai 1902

Classe de Cinquième A et B

Un volume in-16, avec figures, cartonnage toile. . . . . 3 fr. 50

A. SEIGNETTE

Professeur de sciences naturelles au lycée Condorcet
Agrégé de l'Université, docteur ès sciences.

COURS DE GÉOLOGIE

Rédigé conformément aux programmes officiels du 31 mai 1902

Notions préliminaires de Géologie, à l'usage des classes de Quatrième A et de Cinquième B de l'enseignement secondaire. Un volume in-16, illustré de 78 gravures intercalées dans le texte, cartonnage toile. . . . . 1 fr. 50

Conférences de Géologie, à l'usage de la classe de Seconde, sections A, B, C, D de l'enseignement secondaire. Un volume in-16, illustré de 130 gravures intercalées dans le texte et accompagné d'une carte en couleurs, cart. toile. 1 fr. 50

Leçons de paléontologie animale, à l'usage des classes de Philosophie et de Mathématiques de l'Enseignement secondaire. Un volume in-16, illustré de 70 gravures intercalées dans le texte, cartonnage toile. . . . . 1 fr. »

COURS ÉLÉMENTAIRE DE GÉOLOGIE, à l'usage des Écoles normales primaires, des Écoles primaires supérieures et de l'Enseignement secondaire des jeunes filles, par A. SEIGNETTE. Nouvelle édition, illustré de 200 gravures intercalées dans le texte. Un volume in-16, cartonnage toile. . . . . 2 fr. 50

Librairie HACHETTE et Cie, 79, boul. St-Germain, à Paris.

DICTIONNAIRES BOUILLET

DICTIONNAIRE UNIVERSEL

DES SCIENCES

DES LETTRES ET DES ARTS

Contenant: Pour les sciences: 1° les sciences métaphysiques et morales;
2° les sciences mathématiques; 3° les sciences physiques et naturelles;
4° les sciences médicales; 5° les sciences occultes. Pour les lettres:
1° la grammaire; 2° la rhétorique; 3° la poétique; 4° les études historiques.
Pour les arts: 1° les beaux-arts et les arts d'agrément; 2° les arts
utiles.

15° ÉDITION ENTIÈREMENT REFONDUE SOUS LA DIRECTION
DE MM.

J. TANNERY	**E. FAGUET**
Sous-directeur	Professeur
de l'École normale supérieure	à la Faculté des lettres de Paris

DICTIONNAIRE UNIVERSEL

D'HISTOIRE ET DE GÉOGRAPHIE

contenant: 1° l'histoire proprement dite; 2° la biographie universelle;
3° la mythologie; 4° la géographie ancienne et moderne.

31° ÉDITION ENTIÈREMENT REFONDUE SOUS LA DIRECTION
DE M. L.-G. GOURRAIGNE
Professeur agrégé d'histoire

PRIX DE CHAQUE VOLUME :
FORMAT GRAND IN-8

Broché . . . . 21 francs
Relié en demi-chagrin, plats en toile, tranches jaspées . 25 —

N. B. — *Sur le prix de l'un ou l'autre de ces Dictionnaires il est fait une
réduction de 5 francs contre remise d'un exemplaire d'une ancienne
édition du même ouvrage. — L'échange peut être fait chez tous les libraires.*

Paris. — Imprimerie Lahure, 9, rue de Fleurus.

www.ingramcontent.com/pod-product-compliance
Lightning Source LLC
LaVergne TN
LVHW051112200726
843508LV00001B/460

9 782329 808338